"十三五"国家重点出版物出版规划项目

绿色建筑消防安全技术

人员密集场所防火阻燃新技术

卢国建　　葛欣国　　张　翔　　尹朝露　著

西南交通大学出版社

·成都·

图书在版编目（ＣＩＰ）数据

人员密集场所防火阻燃新技术／卢国建等著. —成都：西南交通大学出版社，2022.12
（绿色建筑消防安全技术）
"十三五"国家重点出版物出版规划项目
ISBN 978-7-5643-9119-5

Ⅰ. ①人… Ⅱ. ①卢… Ⅲ. ①公共场所 – 防火材料 – 研究 Ⅳ. ①TB34

中国版本图书馆 CIP 数据核字（2022）第 254605 号

"十三五"国家重点出版物出版规划项目
绿色建筑消防安全技术

Renyuan Miji Changsuo Fanghou Zuran Xin Jishu
人员密集场所防火阻燃新技术

卢国建　　葛欣国　　张　翔　　尹朝露　　著

出　版　人	王建琼	
责　任　编　辑	何明飞	
封　面　设　计	墨创文化	

出　版　发　行	西南交通大学出版社 （四川省成都市金牛区二环路北一段 111 号 西南交通大学创新大厦 21 楼）
发　行　部　电　话	028-87600564　028-87600533
邮　政　编　码	610031
网　　　　址	http://www.xnjdcbs.com
印　　　　刷	四川煤田地质制图印务有限责任公司
成　品　尺　寸	170 mm×230 mm
印　　　　张	17
字　　　　数	286 千
版　　　　次	2022 年 12 月第 1 版
印　　　　次	2022 年 12 月第 1 次
书　　　　号	ISBN 978-7-5643-9119-5
定　　　　价	78.00 元

《人员密集场所防火阻燃新技术》

编委会

前　言

　　有机高分子材料是当今世界发展最迅速的领域之一，它已被广泛应用于电子信息、生物医药、航天航空、汽车工业、轨道交通、包装、建筑等各个领域。近年来，随着经济繁荣与城市建设高速发展，伴随着汽车工业的普及和石油化工技术的进步，越来越多的高分子材料在社会生活的各个方面得到了广泛应用，从居家到办公，从汽车到高铁，从外墙保温到室内家具，高分子材料无处不在。然而，各类高分子材料制品在带给人们日常生活便利及舒适的同时，却也存在着潜在的风险及危害。有机高分子材料制品绝大多数都是易燃的，而且在燃烧时具有热释放量大、温度高、燃烧快以及释放出大量有毒气体等特点，部分高分子材料燃烧时还会产生对环境影响极大的二噁英等有害物质。高分子材料的风险积累是渐进的，其危害往往不易察觉，具有典型的"灰犀牛"特征。随着高分子材料的广泛使用，高分子材料及制品对人身财产安全和环境的威胁日渐增加，其风险将是系统性的。因此，及时开展高分子材料及制品的环保阻燃技术研究，是应对有机高分子材料火灾及环境危害的重要手段之一，可以有效化解和防范有机高分子材料大范围应用带来的危害和挑战。

　　本书针对建筑物和交通运输工具的防火安全，以地铁及影剧院、歌舞娱乐场所两类典型人员密集场所中使用的有机高分子材料及制品为研究对象，从高分子材料阻燃技术、复杂制品及组件的防火阻燃技术、环保阻燃技术，以及面向实际工程应用的材料及制品火灾危险性综合评价技术等方面的基础研究出发，在借鉴了国内外最新研究成果的基础上，结合作者团队多年的研究心得，系统地论述了新型环保阻燃技术、材料及制品的研发情况。期望本书能够对人员密集场所的火灾防治、消防安全管理和防火阻燃技术的发展有所帮助。

本书共分 14 章，第 1 章阐述有机高分子材料的应用及潜在风险、环保阻燃技术在火灾防控中的作用和意义，以及新型环保防火阻燃技术及综合评价技术研究情况；第 2 章主要介绍新型阻燃软质座椅的研究、中试生产线建立、产品测试及应用示范等；第 3 章主要介绍新型阻燃软包制品的研究；第 4 章主要介绍新型阻燃沙发组件的研究、装配组合、产品测试等；第 5 章主要介绍耐久性环保阻燃地毯的研究；第 6 章主要介绍耐久性阻燃幕布的研究及性能测试；第 7 章主要介绍地铁列车阻燃防火内衬板研究；第 8 章主要介绍地铁列车车厢夹层防火隔音保温材料研制；第 9 章主要介绍柔性硅橡胶绝缘阻燃耐火电缆性能特点和研究进展；第 10 章主要介绍柔性防火挡烟帘研究和实体防烟测试；第 11 章主要介绍火灾试验（开放式量热计法）——40 MW 以下火灾热释放速率及燃烧产物的测定；第 12 章主要介绍面向实际工程应用的连排座椅燃烧性能试验及评价方法；第 13 章主要介绍地铁列车用材料燃烧性能与部件防火性能的试验方法；第 14 章主要介绍城市轨道客车防火通用技术规程的编制原则及主要内容。

本书第 1 章由卢国建编写，第 2 章由卢国建、尹朝露、王新钢编写，第 3 章由尹朝露、张帆编写，第 4 章由王新钢、李利君编写，第 5 章由刘微、黄浩、葛欣国、尹朝露编写，第 6 章由李利君编写，第 7 章由尹朝露、李平立、葛欣国编写，第 8 章由张怡、葛欣国、尹朝露编写，第 9 章由葛欣国、黄浩、李平立、尹朝露编写，第 10 章由李利君、王新钢编写，第 11 章由杨晓菌、邓玲、何学超、冯小军、谢元一、何瑾、郭海东编写，第 12 章由郭海东、卢国建、杨晓菌、张翔、尹朝露、何瑾、张巍、朱剑编写，第 13 章由刘松林、张翔、郭海东、张寒编写，第 14 章由何瑾、刘军军、李乐、何学超、谢乐涛编写，本书附录由李利君、何瑾编写。全书由葛欣国统稿，尹朝露负责对第 5～10 章进行审阅，张翔负责对第 11～14 章进行审阅，卢国建负责对其余各章节进行审阅。在此，谨向以上各位表示衷心的谢意。

本书得到了国家"重点研发计划"课题"新型环保防火阻燃技术"（课题编号：2016YFC0800605）的资助。

在本书的撰写过程中还得到了应急管理部消防救援局领导和国内外同行的大力支持，引用了应急管理部四川消防研究所的大量研究资料和国内外同行的相关研究成果，在此一并表示感谢。

虽然在撰写过程中我们尽了自己最大的努力，但错误和疏漏在所难免，敬请读者批评指正。

作 者

2022 年 6 月于应急管理部四川消防研究所

目　录

第1章

绪　论

"火"，是文明的起源，也是人类文明的标志，但有时也会给人类带来灾难性的后果。随着社会经济发展和科技进步，各类新型高分子材料大量应用，导致各类场所尤其是人员密集场所的火灾风险不断攀升。近年来，包括宾馆、饭店、商场、体育场馆、礼堂、影剧院、歌舞娱乐场所、地铁、公交车等公众聚集场所以及养老院、福利院、托儿所、幼儿园、展览馆、集体宿舍等在内的人员密集场所，火灾事故时有发生，造成了惨重的人员伤亡和财产损失，引起了社会各界的高度重视。研究发现，人员密集场所火灾风险攀升与其大量使用包括内饰材料、保温材料、电线电缆、电器、沙发、座椅、纺织品等在内的各类有机高分子材料及其制品有着密切的联系。

有机高分子材料是当今世界发展最迅速的产业之一，高分子材料已广泛应用到电子信息、生物医药、航天航空、汽车工业、轨道交通、包装、建筑等各个领域。然而，有机高分子材料及其制品绝大多数都是易燃的，而且在燃烧中具有热释放量大、温度高、燃烧快及释放出大量有毒气体等特点，部分高分子材料燃烧时还会产生对环境影响极大的二噁英等有害物质，给人身财产安全和环境保护带来了严峻的挑战。高分子材料的风险积累是渐进的，其危害往往不易察觉，具有典型的"灰犀牛"特征。随着高分子材料的广泛使用，高分子材料及制品对人身财产安全和环境的威胁日渐增加，其风险将是系统性的。当今世界，环保形势不容乐观，研究开发防火阻燃性能优异的新型环保阻燃材料和制品，是应对有机高分子材料火灾及环境危害的重要手段之一，可以有效防范和化解有机高分子材料大范围应用带来的危害和挑战。阻燃技术是火灾防控的重要手段，是从源头防止恶性火灾发生的有效措施。采用阻燃技术并通过合理的防火安全设计，可以将燃烧阶段控制在轰燃以前，从而避免轰燃的发生。

1.1 有机高分子材料的应用及潜在风险

有机高分子材料，是以高分子化合物为载体，再配以各类添加剂而构成的物质。高分子材料是由分子量较高的化合物构成的材料，包括天然高分子材料以及合成高分子材料，如阻燃橡胶、塑料、纤维、涂料、胶粘剂和纤维增强高分子复合材料等。

高分子材料的应用极其广泛。近年来，随着经济繁荣与城市建设高速发展，伴随着汽车工业的普及和石油化工技术的进步，越来越多的高分子材料也在社会生活的各个场所得到了广泛应用，从居家到办公，从汽车到高铁，从外墙保温到室内家具，高分子材料可以说是无处不在。高分子材料产品的种类繁多，应用范围广泛，用量巨大，已经对我们的生活方式产生了重大影响。由于具有优良的综合性能（优良的机械性能、热性能、电性能、耐腐蚀性能等)，越来越多的高分子聚合物材料在生产生活的各个领域得到了广泛应用，并且不断有新的高分子材料被发现，特别是在交通、建筑和化学加工领域，高分子材料正在逐步取代传统材料。

随着石油化学工业的发展，高分子材料的原料来源越来越广，加上高分子材料加工的便捷性，使得合成高分子材料产品的成本进一步降低。高分子材料通常具有价廉、重量轻、强度高、易加工等优点。同时，部分高分子材料还具有其他材料几乎难以替代的性能特点，这些特性使得高分子材料得到了极为广泛的应用。随着科学技术的发展，高分子材料的原料来源将更加丰富，更加多元化，材料的合成、加工也将会更加智能、高效和便捷。换言之，高分子材料的种类将会更多，性能也会更加优异，应用也将更加广泛。从社会经济和技术发展的角度来看，高分子材料所具备的轻质、高强、防水、隔热等各种优异性能,使得其必将成为人类社会和高科技领域不可或缺的材料。但是，多数高分子材料存在火灾危险性高、环境降解困难、燃烧烟气毒性大等问题，如不加以重视，将会给我们的社会带来极为严重的系统性风险。

高分子材料制品绝大多数都是可燃、易燃的，在燃烧过程中具有热释放速率高、总热释放量大、燃烧产生大量有毒气体等特点。因此，随着高分子材料的广泛应用，高分子材料及制品对人们生命财产安全的威胁日渐增加，其带来的风险也是系统性的。高分子材料作为一类性能优异、发展迅速的新型材料，既具有众多的优点，又具有一些致命的缺陷，如何才能扬长避短，趋利避害，是未来高分子材料发展面临的重要课题。

　　技术进步是推动生产力发展的巨大动力，同时也是防范化解各类风险的重要手段。防范化解高分子材料潜在的安全风险，离不开科学技术的进步。针对不同种类高分子材料的性能特点，通过研究能够将阻燃元素或基团链接到高分子链上的本质阻燃，或采用添加环保阻燃剂的复合阻燃，以及构造阻燃等多种途径均可有效地降低高分子材料及其制品的火灾风险。目前，已有一批具有良好阻燃性能的本质阻燃高分子材料获得了大量应用，如聚四氟乙烯、酚醛树脂、密胺泡沫塑料、阻燃聚酯纤维、织物等。此外，在高分子材料中通过添加阻燃剂或无机材料、采用构造阻燃等方式生产的复合阻燃制品也获得了广泛应用。但从高分子材料总体应用情况来看，我国阻燃高分子材料所占的比例还很低，与发达国家相比，还存在较大差距。同时，一些高分子材料的难燃化或阻燃处理还存在着技术瓶颈，需要开展技术攻关。总的来说，在充分认识高分子材料潜在风险的基础上，由政府引导和推动，通过科技人员的不断努力，我国阻燃高分子材料所占的比例将会越来越高，环保性能也会越来越好，将会有效化解高分子材料潜在的系统风险，让高分子材料更好地造福人类。

1.2　环保阻燃技术在火灾防控中的作用和意义

　　随着我国经济建设的发展和人民生活水平的提高，人们对生活和工作的环境在美观、舒适及其他功能方面提出了更高的要求，而我国社会经济和科学技术的发展也为这些需求的实现提供了充足的条件。近些年来，各类高分子材料大量涌现并广泛应用于社会生活的方方面面，给人们的生活带来了更多的便利。但是，这些高分子材料大多为可燃或易燃材料，火灾风险大，且燃烧时还可能释放出大量浓烟和有毒气体，具有潜在的火灾危险性和环境危害性。近些年来我国陆续发生的公共场所火灾，造成了重大的人员伤亡和财产损失，社会影响恶劣。根据公共场所火灾产生和发展的特点，人们已经意识到导致恶性火灾事故越来越多的主要原因：建筑物或有限空间中越来越多地采用可燃、易燃的高分子材料及其制品，部分产品还具有高烟、高毒的特点。与二十世纪六七十年代相比，我国室内装修、电器和家具/组件已经有了很大的变化，火灾危险性也随之增大。豪华、舒适与防火、安全变成了一对矛盾。如何能在享受舒适生活的同时，又能确保防火安全，是我们面临的一个难题，尤其是公共场所的防火安全问题，是我们迫切需要解决的问题。

　　为此，应急管理部四川消防研究所针对有限空间的防火安全开展了大量实体火灾试验和技术研究工作。通过试验研究，我们发现，针对室内有限空间，火是否会由小火源发展至轰燃（火灾形成）与有限空间的大小及门窗开口的尺寸密切相关：房间越大、门窗开口的尺寸越大，则发生轰燃所需的能量越大；反之，发生轰燃所需的能量（轰燃临界值）则越小。轰燃临界值可采用多种公式进行计算，如 Thomas 提出的预测轰燃的计算方法：

$$Q_0 = 7.8A_T + 378A_0H_0^{1/2}$$

式中　Q_0——室内产生轰燃所需的最小热释放速率，kw；

　　　　7.8——系数，kW/m^2；

　　　　378——系数，$kW/m^{\frac{5}{2}}$；

　　　　A_T——室内所有表面的总面积，m^2；

　　　　A_0——室内门窗等开口的面积，m^2；

　　　　H_0——室内门窗等开口的高度，m。

　　如果我们能够有效地将有限空间内可燃物燃烧产生的能量控制在轰燃临界值以下，则可以防止室内发生轰燃，从而避免恶性火灾的发生。但是，目前大多数公共场所的室内空间燃烧时可能产生的能量（热释放速率）远高于发生轰燃所需的能量（轰燃临界值）。因此，一旦发生火情，很容易由小火源发展至轰燃，从而导致火灾的发生。

　　通过大量的试验，研究人员发现，对有机高分子材料及其制品实施有效的阻燃处理或防火保护，可以大幅度降低其燃烧热释放速率平均值及峰值，从而使其对室内火灾轰燃的贡献减小，这为采用阻燃制品防止轰燃的发生提供了理论依据。在大量研究工作的基础上，我们得出了下列结论：通过合理的防火安全设计，并采用性能可靠的阻燃材料及制品，完全可以使室内不发生轰燃，从而避免恶性火灾发生。

　　在能够避免轰燃的情况下，相当一部分阻燃制品由于其本身所具有的阻燃特性，不会着火燃烧（即使产生热分解，其数量也有限）。因而在大规模试验时，其产生的烟密度和毒性气体浓度比同类非阻燃制品要低。我们开展的实体火灾试验研究结果也证实了这一点。

　　根据上述研究，我们得出结论：通过合理的防火安全设计并采用阻燃制品，完全可以防止轰燃的发生。这对推动我国防火安全设计和阻燃技术的发展具有重要的意义。为了支持防火安全设计工作，应急管理部四川消防研究所、中国建筑科学研究院、中国科学技术大学火灾科学国家重点试验室等相关单位还通过大量的试验研究，建立了我国的材料及组件火灾特性数据库，为我国的防火安全设计工作奠定了良好的基础。

1.3 新型环保防火阻燃技术及综合评价技术研究

近年来，我国许多消防科研机构、大学及阻燃剂生产厂家纷纷投入研发力量对防火阻燃材料进行了大量的研究开发工作，并取得一定进展。研制出一些阻燃、抑烟等多重效能的阻燃剂及新型防火阻燃材料，但部分产品在实际应用中与发达国家产品相比仍有不少差距。

国际市场上销售的阻燃剂有 300 种以上，其中以卤系阻燃剂为主，仅溴系阻燃剂就占近 30%，而卤系阻燃剂的使用正面临来自更严格的环保要求和苛刻的防火阻燃标准两方面的压力和挑战。因此，新型环保防火阻燃是该领域发展的必然趋势。环保阻燃剂往往不具备通用性，同时受制于材料种类和材料终端制品的用途，如铝塑板芯材为聚烯烃可以采用氢氧化铝（ATH）环保阻燃，但是同样为聚烯烃的公交塑料座椅却不宜用 ATH 阻燃，因为 ATH 用量加大会损害材料的机械性能，而公交座椅对制品的机械性能要求更高。同样，对于聚酯织物非常有效的阻燃剂，用于聚氨酯泡沫就很可能不行，这就决定了环保防火阻燃研究需要根据具体材料种类和制品用途，开展有针对性的技术研究。为了降低人员密集场所火灾风险，保障人民生命财产安全，"十三五"期间，应急管理部四川消防研究所针对影剧院、歌舞娱乐场所和地铁这两类典型场所开展了环保防火阻燃技术及综合评价技术研究。通过对典型场所内各类材料及组件的环保防火阻燃技术研究，获得成熟的防火阻燃技术并开展应用示范，为从源头上降低各类人员密集场所的火灾风险提供技术支撑。

1.3.1 影剧院及歌舞娱乐场所阻燃技术

影剧院及歌舞娱乐场所中大量使用的软质座椅、沙发、软包装饰材料、地毯、幕布等制品均极易燃烧，具有极大的火灾危险性，涉及的可燃易燃材料主要包括软质聚氨酯泡沫、纤维织物、热塑性弹性体。

软质聚氨酯泡沫（FPUF）是聚氨酯材料的主要产品之一，因其具有质轻、透气和回弹性好等特性，广泛用于软质座椅、沙发、软包装饰。FPUF 为开孔结构，和其他多孔高分子材料一样会发生阴燃，未经处理的 FPUF 极易点燃，在燃烧过程中放出大量烟雾和有毒气体，如 CO、HCN、NO 等。König 等将含磷阻燃剂甲基取代 9,10-二氢-9-氧杂-10-磷杂菲-10-氧化物（DOPO）用于阻燃 FPUF；结果显示，甲基取代 DOPO 对 FPUF 具有优异的阻燃效果，并且对 FPUF 的力学性能不会产生显著影响。Stowell 等用新戊二醇、三氯氧磷、丙胺合成了环状磷酰胺，并将其用于阻燃 FPUF；结果显示，当环状磷酰胺和三聚氰胺复配使用可显著降低泡沫的热失重。Tokuyasu 等研制了一种分子内具有磷酸酯键、膦酸酯键的有机磷系阻燃剂，该阻燃剂磷含量高且挥发性较低，应用于 FPUF 可得到较好的阻燃性能及力学性能。Andersson 等研制了一种含三聚氰胺、双季戊四醇无卤阻燃剂和含多磷酸铵无卤阻燃剂组成的复合无卤膨胀阻燃体系，并应用于 FPUF 阻燃；结果显示，该阻燃 FPUF 的引燃和燃烧阶段热释放速率显著降低，总放热量明显下降，点火时间延长。

纤维及织物在影剧院及歌舞娱乐场所中大量用于软质座椅、沙发、软包装饰材料、地毯、幕布等处。在阻燃纤维的研究方面，奥地利 Lenzing 公司用磷酸类阻燃剂生产的 Viscosa FR 阻燃粘胶纤维在手感、舒适性等方面与棉类似。芬兰 Kemira 公司生产的 Visil 系列复合阻燃粘胶纤维，是一种含聚硅酸的 Visil 纤维。美国杜邦公司的 Dacro-900F 纤维、德国 Hoechst 公司的 Trevira CS 纤维、意大利 Snia 公司的 Wistel FR 纤维和日本东洋纺公司 Heim 纤维等均采用共聚法制造阻燃聚酯纤维，阻燃效果持久且毒性低。美国 HoechsT Celanese 公司的 Expoilifr 系列，大湖公司的 CN-329、CN-1197 及意大利 Montedison 公司的 Spinflam MF82 等磷氮系阻燃剂产品可用于阻燃聚丙烯纤维。在织物阻燃后整理的研究方面，S. C. Chang 等合成了两种有机膦系阻燃剂，（2-甲基-环氧丙基)-磷酸二甲酯和[2-（甲氧基-膦酰甲基)-环氧丙基]-磷酸二甲酯，并将其与三乙醇胺、柠檬酸以 2∶1∶1 的质量比复配使用，用于处理棉织物，获得了较好的阻燃效果。Schartel B 等将 Clariant 公司生产的聚磷酸铵类阻燃剂 ExoliT AP 与石墨复配使用，对 PP/麻纤维进行了阻燃整理。C. Q. Yang 等采用含羟基的有机磷低聚物（HFPO）作为阻燃剂整理棉织物，由于 HFPO 分子中的羟基活性较高，因此可采用不同种类的交联剂使其形成交联网络，增加阻燃织物的耐水洗性。

热塑性弹性体材料（TPE）是一种在常温下具有高弹性，高温下又能塑化成型的高分子材料，主要用于软质座椅扶手。但其易燃，且在燃烧过程中伴随有熔融滴落现象，不能离火自熄。Kibble 等通过添加 $Al(OH)_3$ 和 $Mg(OH)_2$ 获得了阻燃效果好的 SEBS/PP 弹性体。Tabuani 等将三聚氰胺氰尿酸盐（MCA）和有机蒙脱土（OMMT）进行复配，用于阻燃 TPU 弹性体材料。Hamzah 等分别将氢氧化锡酸锌、硼酸钙和磷氮类阻燃剂 NP-100 用于阻燃 PP/EPDM 弹性体材料，研究发现，NP-100 的阻燃效果较好，但会降低材料的热稳定性，而添加氢氧化锡酸锌和硼酸钙能提高材料的热稳定性。此外，在力学性能方面，氢氧化锡酸锌对 TPE 的影响最小，NP-100 影响最大。尽管 TPE 的无卤阻燃研究已经取得很大进展，但目前具有实际应用价值的阻燃剂和相关技术仍相对较少。

随着我国经济和社会的迅速发展，人们对文化消费的需求不断提高，近年来国内影剧院、歌舞娱乐场所的数量和规模迅速攀升。在影剧院及歌舞娱乐场所中存在大量的可燃物质，如软质座椅、沙发、软包装饰材料、地毯、幕布等。影剧院观众席的软质座椅中，织物面料一般采用棉质或合成纤维织物，填充泡沫为聚氨酯软质泡沫，背板为 ABS 或聚烯烃塑料，扶手一般为热塑性弹性体，衬板一般为木质板材，均属于可燃或易燃材料，且所用可燃或易燃材料种类繁多。试验研究发现，软质座椅燃烧热释放速率很高，火焰蔓延迅速。因此软质座椅具有较高的火灾危险性，特别是在影剧院中数百甚至上千个座椅成排密集安装在一起，一旦发生火灾，燃烧热释放速率可以高达数十甚至数百兆瓦，燃烧迅猛、蔓延迅速，具有很大的火灾危险性。目前，我国影剧院中使用的以及市场上在售的软质座椅多数阻燃性能还不够理想。我国还没有标准或规范对软质座椅整体阻燃性能，特别是对连排座椅的燃烧性能提出要求，无法开展针对连排软质座椅整体燃烧性能的设计和评价工作，其火灾危险性还没有得到足够的重视。"十二五"期间四川消防研究所等单位主要针对用于体育场馆、公交车等场所的硬质聚烯烃座椅开展了阻燃技术研究，但针对软质座椅防火阻燃方面的系统研究极少，在软质座椅整体阻燃技术、烟气毒性解决方案以及座椅整体燃烧性能的测试，特别是连排座椅燃烧及火蔓延等测试评价方面的研究还亟须开展。

《建筑内部装修设计防火规范》（GB 50222—2017）要求建筑面积大于 400 m² 的观众厅墙面装修材料的燃烧性能应达到 A 级，建筑面积不大于

400 m² 的观众厅墙面装修材料的燃烧性能应达到 B_1 级。软包装修材料主要包括装饰面料和填充材料，其中填充材料的用量远大于装饰面料。软质聚氨酯泡沫、聚酯棉、密胺泡沫、无机纤维棉等均可作为软包装修填充材料，其中软质聚氨酯泡沫（FPUF）由于具有质轻、柔软、透气、耐老化、回弹性好、压缩变形小、隔音、保温等多种优良特性而被广泛采用。但是普通 FPUF 阻燃性能很差，氧指数仅为 18% ~ 19%，由于具有多孔状结构的特点，比表面积相对较大，容易发生阴燃，因此对 FPUF 进行阻燃处理尤为重要。

《建筑内部装修设计防火规范》（GB 50222—2017）要求观众厅及歌舞娱乐场所中使用的舞台幕布的燃烧性能应达 B_1 级。从材质来看，市售阻燃舞台幕布产品中涤纶、棉及涤棉混纺织物所占比重较大，不同材质的产品燃烧性能区别较大，棉质材料的产品续燃时间较短，阴燃时间较长；而阻燃涤纶织物一般续燃时间较短，有熔滴，无续燃、阴燃，氧指数值一般较高。目前，我国普遍使用后处理方式，即通过化学处理的方法将阻燃剂均匀地浸轧在织物上，经干燥焙烘后较牢固地吸附在纤维上或与纤维发生键合。这一工艺简单易行，适应当前国内染整工艺，易于实现工业化，成本低，是当前纺织品阻燃整理的主要方法。大部分阻燃幕布存在阻燃剂分布不均匀，手感较硬，耐水洗能力差，而且放置时间越长，阻燃效果退化越明显。研究表明采用前处理工艺，即在合成阶段对制造纤维及纺线的材料进行处理，在合成纤维纺丝前添加或共聚阻燃，能够制得阻燃效果优良且耐久性好、耐水洗的本质阻燃织物，是织物阻燃的重要发展方向。目前，地毯主要为尼龙地毯、涤纶地毯、丙纶地毯和羊毛地毯，但是地毯并非由单一材料组成，除了主体材料外，还有背衬网格布以及大量的可燃胶粘剂，导致地毯阻燃困难，现有阻燃技术通常采用浸渍或喷涂阻燃剂溶液的方式进行防火处理，但是研究表明，浸渍阻燃剂后通常只能使正面的主体材料阻燃，背部网格布和胶粘剂在火源作用下还易分层燃烧。

1.3.2　地铁列车防火阻燃技术

车辆轻量化可以有效缓解能源危机，减少碳排放，随着世界各国对节能环保要求的不断提高，地铁列车设计方面也不断向轻量化发展，主要措施就是更多地使用铝合金材料及玻璃钢材料替代不锈钢材料，并在侧墙及车顶等部位的夹层中使用大量的泡沫类隔音保温材料。此外，橡胶密封材料、橡塑地板、软质座椅等内饰材料的应用，也增加了列车的火灾危险性。

常见的玻璃钢主要有不饱和聚酯玻璃钢、环氧玻璃钢、酚醛玻璃钢和聚酰亚胺玻璃钢。其中，不饱和聚酯玻璃钢由于加工成型工艺简单、成本相对较低，因此早期地铁列车中多采用不饱和聚酯玻璃钢。然而聚酯玻璃钢为可燃材料，氧指数低，产品主要为含卤阻燃制品，燃烧时产生大量有毒且具有腐蚀性的烟气，特别是在 1987 年伦敦地铁 KING'S CROSS 火灾发生后，使人们清醒地认识到这一问题的严重性。英国颁布了 BS 6853 试验标准，酚醛制品成为唯一获得伦敦地铁和海峡隧道公司批准使用的复合材料。其后，伦敦地铁采用酚醛 FRP 制作驾驶室前板及全部内饰，经试用后在 1990 年大量投入使用。同一时期，意大利客车制造厂选用了 IEL 公司生产的 MELAFORM 酚醛玻璃钢材料，用于地铁列车的装潢耐磨内墙板，这一产品还在窗框处采用 KEVLAR 纤维予以增强，进一步提高了产品的耐应力疲劳破裂的能力。然而，进入 21 世纪以来，"酚醛玻璃钢的阻燃防火、低烟性能优于不饱和聚酯玻璃钢"的观点受到了广泛的质疑，这是因为当酚醛玻璃钢和无卤阻燃不饱和聚酯玻璃钢同样在较大的热辐射下测试时（如 50 kW/m^2），酚醛玻璃钢 CO 的生成量还要大一些。实际上，采用动物试验测试酚醛类材料的烟气毒性时，结果表明这类材料烟气毒性很大。德国 NEIL 等人报道，MARTINSWERK 和 BYK-CHEMIE 及 BASF 公司共同开发的聚酯复合材料能够达到、甚至超过酚醛的低毒及阻燃性。俄罗斯本着兼顾舒适性和防火安全的原则，采用金属微孔网，将其嵌入带有外装饰层的阻燃弹性聚合材料中，开发了一种阻燃地铁列车座椅。弹性聚合材料是以 CKH-26 和 CKC-30 牌号的合成橡胶为基础、在生产中采用多孔橡胶混合的配制物，加入专用添加剂（邻苯二甲酸二丁酯、发泡剂、氯代链烷烃、阻燃剂氢氧化铝、三氧化二锑等）得到的混合物，经过硫化后制得；外装饰层为氮、硼、磷类阻燃剂阻燃的羊毛绒布，按 FOCT12.1.044 测定其表面火焰传播指数为 $J = 10$。2004 年，韩国轨道交通车辆中首先采用了无机陶瓷涂料技术，通过试验计算，新材料的车辆烟气产生量降低了 96% 以上，火灾安全性也得到极大的提高。列车内衬板用玻璃钢防火的发展趋势是酚醛玻璃钢的抑烟减毒和聚酯玻璃钢的无卤环保阻燃。列车用隔音保温材料主要有玻璃棉、岩棉（矿棉）、酚醛泡沫、三聚氰胺泡棉、聚氨酯泡棉。玻璃棉和矿棉防火性能好，但是易吸湿导致保温效率下降且施工困难、生产能耗大，酚醛泡沫、三聚氰胺泡棉、聚氨酯泡棉都为有机高分子材料，在车辆夹层中填充量非常大，有必要进一步提高其防火性能。

随着我国地铁工程的大规模建设和快速发展，国内相关科研机构研究人员也越来越重视地铁车辆的防火安全设计。地铁车辆间壁部件内部包含各种电气设备，所以间壁结构防火在车辆内装结构防火中扮演着重要的角色，长春轨道客车股份有限公司的岳立明报道了3种间壁部件防火结构设计：① 酚醛树脂玻璃钢材质，此结构整体采用酚醛玻璃钢材质，背面用型钢骨架粘接，骨架上整体粘接陶瓷纤维，钢板封边，厚度 9 mm，工艺性好，适合用于曲面造型位置；② 复合铝蜂窝材质，受火面是 1 mm 不锈钢板，然后是陶瓷纤维，FB140 防火板，最后是铝蜂窝结构，厚度为 22 mm，较重，不适合用于曲面造型位置；③ 酚醛泡沫填充 3D 织物增强复合板，主材采用酚醛泡沫填充 3D 织物增强复合板，周边用铝型材封边结构，是三明治结构，厚度达 26 mm，较厚，不适合用于曲面造型位置。南京地铁集团有限责任公司的张瑞丽等，研究了城市轨道列车使用的两种地板结构，以及地板结构防火的试验方法，对比了两种结构的防火能力。他们研究的两种地板结构均满足 BS 6853 的防火要求，且"橡胶地板布＋铝蜂窝板＋三聚氰胺泡沫防寒材＋铝型材＋防火涂料"的乙种地板结构更胜一筹；甲种地板结构的防火主要靠不锈钢防火板对火焰的阻挡和矿棉对热量的隔绝；乙种地板结构的防火主要靠底部喷涂的防火涂料；甲种地板防火的不锈钢板能阻挡火焰，但是导热系数却有 $10 \sim 30$ W/（m·℃），热量通过不锈钢传到上层，因此隔热性只能通过防火板上方的矿棉来起作用；乙种地板结构是防火涂料与三聚氰胺防寒材料共同作用，尤其是防火涂料遇火吸热膨胀，有效阻止温度升高；但是乙种地板结构由于是涂料状态，不如防火板牢固，可能出现脱落，同时烟雾问题也有待解决。株洲时代新材料科技股份有限公司的周升等采用聚醚弹性树脂作为绝缘涂层的基料树脂，1%的改性硅油提高涂层耐沾污性能，采用 18%磷系阻燃剂进行阻燃，制备出一种城轨车辆受电弓安装区用绝缘防护涂层，阻燃性能可达到 DIN 5510 中的燃烧性能等级 S4、产烟等级 SR2。黄良平等报道了一种阻燃地铁站台用缓冲防滑垫，该缓冲防滑垫由金属骨架和橡胶组成，橡胶部分为梳齿状结构，金属材料采用 Q235-A 或不锈钢材料 0Cr18Ni9，橡胶部分主体材料采用 EPDM 弹性体，以硫化剂 DCP 为主硫化剂并配以少量硫黄硫化，阻燃体系为氢氧化铝/硼酸锌，产品烟密度（A 0）为 146（BS 6853）、毒烟散发性（R）为 2.7（BS 6853）、表面焰散性/级为 2（BS 476-7）。南京工业大学的王振华等以南京地铁 1 号线车辆内典型可燃物分布等参数为基础，设计火灾场景，进行数值模拟计算，结果表明：典型地铁车厢着火时，燃烧类型为燃料表面控制型，火灾发展模式介于中速和快速之间（火灾增长因子约为 0.032 5 kW/s²），由于火势发展很快，难以满足乘客安全逃生的时间要求。在不采取任何措施的情况下，火灾可持续约 8.9 h、最高火场温度可达1 300 ℃，周围建（构）筑物存在延烧或坍塌危险。深圳市地铁集团的梁锦发等研究了无机陶瓷涂料在地铁车辆上的应用情况，并总结了该技术在应用中的特点。无机陶瓷涂料具有良好的防火性能、耐腐蚀性和超高的硬度，该涂料采用纯无机材料，即使受到高温，因其内部不含可燃成分，所以不会燃烧。我国于 2006 年起开始引进该项技术，在上海、深圳等地的轨道交通大量应用。唐山轨道客车有限责任公司的王瑾璐等以 Sika-Unitherm 防火涂料为例，对比目前 CRH3 型动车组用防火毛毡体系，分析比较了防火毛毡体系和防火涂料体系的原材料特点、施工工艺特点、防火性能以及经济成本，探讨了防火涂料替代动车组用防火毛毡的可行性。青岛地铁集团的杨培盛等报道，青岛地铁 3 号线在国内地铁中首次在司机室外罩及客车座椅中使用了酚醛玻璃钢材料，并且在车体上喷涂了环保的水性油漆。综上所述，国内相关研究主要还集中在部件防火结构设计、防护涂层及数值模拟计算方面，在地铁列车内衬板和地铁列车车厢夹层隔音保温材料的环保防火阻燃技术方面，还缺乏系统深入的研究，在地铁车厢间防烟防火分隔方面，也缺乏相关的技术和产品。

地铁列车电气防火的关键之一是阻燃电缆和耐火电缆的应用，特别是耐火电缆的应用，可以保证列车及消防用电设备在火灾中的持续供电，使得设备在火灾中还能够持续正常工作，以便于开展灭火救援和人员疏散工作。《机车车辆阻燃材料技术条件》（TB/T 3138—2018）中规定，电线电缆的技术要求应符合《机车车辆电缆》（TB/T 1484）的规定。TB/T 1484.1 中规定，额定电压 3.6 kV 及以下的机车车辆（含动车组）用动力和控制电缆，单根垂直燃烧试验按 GB/T 18380.12 规定条件试验，直径大于 6 mm 的电缆成束燃烧性能按照 GB/T 18380.35 的 C 类规定条件试验，电缆碳化高度不应超过 2.5 m，电缆直径不大于 6 mm 时按照附录 E 试验，电缆碳化高度不应超过 1.5 m，电缆燃烧烟密度（透光率）不低于 80%；TB/T 1484.2 中规定，机车车辆（含动车组）用额定电压 30 kV 单相电力电缆，单根垂直燃烧试验按 GB/T 18380.12规定条件试验，上支架下缘与碳化部分起始点之间距离应大于 50 mm，且燃烧向下延伸到上支架下缘距离不大于 540 mm，电缆燃烧烟密度（透光率）不低于 60%；TB/T 1484.3 中规定，机车车辆列车通信网络（TCN）用通信电缆，单根垂直燃烧试验按 GB/T 18380.12 或 GB/T 18380.22 规定条件试验，上支架下缘与碳化部分起始点之间的距离应大于 50 mm，且燃烧向下延伸到上支架下缘距离不应大于 540 mm，电缆燃烧烟密度（透光率）不低于 80%。即国内机车电缆阻燃性能要求仅考虑了电缆燃烧的炭化高度，成束燃烧测试方法为 C 类，阻燃性能要求较低，没有考虑电缆燃烧热值、热释放、产烟总量等因素对车辆火灾的影响，并且缺少对电缆耐火性能的规定要求。

目前，国内外广泛采用的耐火电缆主要有氧化镁矿物绝缘电缆和云母带绕包耐火电缆。氧化镁矿物绝缘电缆生产成本高（地铁工程中由于漏泄电流较多，不能采用裸铜护套，还要多外包一层防蚀护套，成本进一步增加，上海地铁 1 号线因此放弃采用矿物绝缘电缆，选用了云母带绕包耐火电缆），且矿物绝缘电缆生产工艺、设备复杂，电缆无柔性，长度受生产设备的限制，因而接头多、敷设工序复杂，氧化镁极易与空气中的水发生化学反应，生成导电的氢氧化镁，导致电缆的供电能力下降。云母带绕包耐火电缆尽管有柔性，但需要多层绕包云母带，生产速度慢且增加了设备和工序，受云母带自身质量不稳定的影响，电缆的耐火性能也不够稳定，而且着火后云母带绝缘层中有机胶变为碳层，遇水导电，若线缆铺设施工中多次弯折会导致云母片层从云母带胶粘基层上脱落而使得绝缘层破坏，电缆的供电能力受损，甚至会短路断电。另一方面，目前阻燃电缆和耐火电缆产品通常都只是具备阻燃或耐火的单一功能，制备新型电缆专用材料、结合结构防火阻燃技术研制同时具有阻燃和耐火功能的电线电缆是该领域的重要发展趋势。在柔性耐火电缆研究方面，陶瓷化高分子复合材料的发展为之提供了新的发展方向，澳大利亚于 2004 年成功研制出陶瓷化耐火硅橡胶电缆，并得到了商业运用。G. Alexander 等人以室温硫化硅橡胶为基材，云母粉为填料，低熔点玻璃粉为结构控制剂，DCP 为硫化剂制备出了一种可用于陶瓷化耐火硅橡胶的复合材料。当硅橡胶为 70 份，云母粉为 20 份，低熔点玻璃粉为 8 份，DCP 为 2 份时，复合材料分别在 600 ℃、800 ℃ 和 1 000 ℃ 的温度下灼烧 30 min 后，弯曲强度分别是 0.87 MPa、2.78 MPa 和 5.29 MPa，该专利报道只关注了材料的陶瓷化性能，对材料本身的机械性能缺少研究，且没有研究材料在耐火电缆中的应用情况。

Catherine George 等人以二甲基硅氧烷为基料，云母、高岭土等为填料，氧化锌、二氧化钛等为结构控制剂，制备出一种适合用于生产防火电缆的绝缘材料。当硅氧烷为 65 份，高岭土 41.6 份，云母 1.8 份，氧化锌 5 份，二氧化钛 2.8 份时，拉伸强度为 7.6 MPa，断裂伸长率为 260%，尽管该材料常温下机械性能较好，但是该专利报道中并没有对材料的陶瓷化性能进行研究，也没有提供表征瓷化性能的相关数据。由于陶瓷化硅橡胶中加入了较高含量的瓷化粉，且瓷化粉通常为云母、高岭土等矿物质，不具备阻燃性能，如果再添加阻燃效率低的氢氧化铝等阻燃剂会导致材料性能大大降低而失去使用价值，而高效阻燃剂如 IFR 的加入可能会阻碍陶瓷化，因此这类材料的陶瓷化和阻燃相矛盾的问题一直没有得到很好的解决。

1.3.3 防火阻燃制品燃烧特性综合评价技术

由于影剧院中通常有成百甚至上千个座椅成排密集安装在一起，一旦发生火灾，座椅之间通过对流和辐射传热机制，燃烧加剧、蔓延迅速，具有很高的火灾危险性。目前，国外可用于座椅燃烧性能评价的试验方法主要有座椅材料燃烧性能评价方法，如氧指数测试、水平垂直燃烧测试、锥形量热测试、SBI 单体燃烧试验、烟气毒性测试等，以及可用于座椅成品的 ISO 9705、ASTM E603 表面制品的实体房间火试验等，缺乏对连排座椅整体燃烧性能评价的方法。与国外相似，国内可用于座椅燃烧性能评价的试验方法主要有座椅材料燃烧性能评价方法：氧指数测试、水平垂直燃烧测试、锥形量热测试、SBI 单体燃烧试验、烟气毒性测试等，以及可用于座椅成品的《火灾试验 表面制品的实体房间火试验方法》（GB/T 25207）等。现有的试验方法仅考虑了单个座椅的燃烧性能评价，没有考虑连排座椅由于相邻座椅之间火蔓延因素导致的燃烧性能改变，还没有对连排座椅燃烧进行整体试验及评价的方法。

发达国家的轨道客车防火标准主要有：国际铁路联盟的《铁路客车或国际铁路联运用同类车辆的防火和消防规则》（UIC 564-2：2000）、英国的《载客轨道客车设计与构造防火通用规范》（BS 6853:1999）、德国的《铁路车辆防火 第 2 部分 火车材料和部件燃烧性能，分类、要求和测试方法》（DIN 5510-2：2009）、法国的《铁道车辆用防火材料的选择》（NFF 16-101：1988）、欧盟的《轨道车辆的防火保护 第 2 部分 材料和部件的防火要求》（EN 45545-2：2013）、美国的《固定轨道交通和旅客铁路系统》（NFPA 130：2017）。

美国轨道车辆防火标准《固定轨道交通和旅客铁路系统》（NFPA 130：2017），涵盖了车站、线路（包括地下、地上、高架桥）、车辆、以及轨道客车运营、车辆维修区和存放区等各个方面；其在车辆结构方面，强调车辆的耐火性，防止外部火源烧透车体进入内部；选用阻燃材料时，着重考虑控制火焰和烟雾的快速传播；在车辆设计中，要核算整车的危险负荷——阻燃材料的发热量和发烟量；正如标准名称所示，美国把车辆防火技术看成一个系统工程。法国车辆的防火标准《铁道车辆用防火材料的选择》（NFF 16-101）、《铁道车辆用电气设备材料的选择》（NFF 16-102）包括了铁路机车车辆、电气设备对阻燃材料的选择和机车车辆防火设计等3个方面标准；该标准适用于各类轨道交通车辆，根据不同的用途，把车辆分为3个防火级别；选用阻燃材料时，按车辆的防火级别和零部件特点确定材料的防火性能要求；防火性能包括对火反应和烟气指数两个方面。英国车辆防火标准《载客轨道客车设计与构造防火通用规范》（BS 6853），与法国一样，根据不同的用途，英国把车辆分为3个防火级别。英国标准认为，零部件在车上的安装位置——外露表面的朝向（朝下、垂直、朝上），决定了零部件在火灾中吸收热量的多少，因而"面的朝向"是火焰扩展和加大火灾危险的关键因素；选用阻燃材料时，按车辆的防火级别和外露表面的朝向，确定材料的防火性能要求；防火性能包括热辐射、火焰扩展、氧指数、烟雾和烟气毒性等方面。德国车辆防火标准 DIN 5510 规定了基本原则、技术要求、各类试验方法标准；根据车辆运行线路设施条件，德国把车辆分为4个阻燃级别；选用阻燃材料时，按车辆的阻燃级别和零部件的特点，确定材料的防火性能要求；防火性能包括可燃性、热辐射、烟雾和熔滴等方面。欧盟车辆防火标准是一套系列标准，包括总则、材料、防火墙、设计、设备、控制等7个方面的内容，其中第2部分是轨道车辆的材料防火和试验要求。

国内轨道客车防火标准主要有《电力机车防火和消防措施的规程》（GB 6771—2000）；《机车车辆阻燃材料技术条件》（TB/T 3138—2006）；《动车组用内装材料阻燃技术条件》（TB/T 3237—2010）；《铁道客车电器设备非金属材料的阻燃要求》（TB/T 2702—1996）；《铁道车辆用材料耐火性能试验》（TB/T 2639—1995）；《城市轨道交通车辆防火要求》（CJ/T 416—2012）；《机车车辆电缆 第1部分：动力和控制电缆》（TB/T 1484.1—2017）；《机车车辆电缆 第2部分：30 kV 单相电力电缆》（TB/T 1484.2—2017）；《机车车辆电缆 第3部分：通信电缆》（TB/T 1484.3—2017）。从国内外的防火标准可以看出，轨道车辆防火是车辆的一项重要性能指标，用户关心的不是哪一个零部件的防火性能，而是整车的防火性能——抵御火灾风险的能力。因此制定防火标准的目标应为：① 制订的性能指标要能进行检测，确保达到预期的目标；② 对车辆上"起火源"的控制，防止各类电机、电器、燃烧器成为起火源，防止受电装置的电弧引燃车辆；③ 车内设备件抵御火灾风险的能力以及车内隔离火灾风险的能力，车辆一旦失火能保持车辆安全运行的性能指标。实际应用中，我国在城市轨道客车设计和构造方面的防火安全要求不统一，有的采用法国标准，有的采用英国标准，有的采用德国标准。因此，建立适合我国城市轨道客车的材料与制品火灾危险性评价技术标准，将填补我国城市轨道客车消防安全评价标准的空白，为城市轨道客车消防安全设计、验收、管理等提供依据。

同时，以上标准都是针对城市轨道交通车辆（包括地铁车辆、轻轨车辆、单轨车辆、有轨电车、磁浮车辆、自动导向轨道车辆、市域快速轨道车辆等）制定的防火标准。而地铁由于其大部分运行区间都在地下、运行频繁、乘客人数较多、疏散困难等特点，成为城市轨道交通中最为危险的一种交通工具。因此，有必要针对地铁车辆的特性提高其在烟密度、产烟毒性、疏散方面的要求。而且以上各标准的测试方法都没有考虑车厢整体的防火性能。综上所述，我国的地铁列车防火标准还应从烟、火、毒及燃烧释放热量等方面对防火要求进一步细化。该防火要求应同时考虑试验方法、评定标准及适用场合等因素，同时还应根据我国的国情，在应用中对标准进行不断的总结、修改和完善，以形成一套比较合理、有效且适用的地铁车辆防火标准。

新型阻燃软质座椅研究

2.1 前 言

  影剧院及歌舞娱乐场所是高层及超高层、大型综合体建筑中可燃内装饰材料及软质家具（连排软质座椅、大尺寸沙发/墙体软包、舞台幕布等）最多并且人员最为密集的区域，疏散十分困难。一旦发生火灾，燃烧猛烈、火焰蔓延迅速且伴有大量浓烟，极易造成群死群伤的恶性火灾事故。

  我国的火灾形势，尤其是公共娱乐场所的火灾形势非常严峻。1994 年 11 月 27 日，辽宁阜新艺苑歌舞厅特大火灾，造成 233 人死亡，20 人受伤；1994 年 12 月 8 日 18 时，新疆克拉玛依市友谊馆特大火灾，致 325 人死亡，120 人受伤；2000 年 3 月 29 日凌晨，河南焦作市山阳区一家影视厅发生特大火灾，74 人死亡；2008 年 9 月的深圳舞王俱乐部火灾造成 43 人死亡，88 人受伤；2009 年 1 月，福建长乐"1·31"火灾造成 15 人死亡。近些年来陆续发生了多起公共场所重大火灾事故，造成了惨重的人员伤亡和巨大的财产损失，给人民的生命财产安全和国家的社会稳定带来了极大的威胁，社会影响恶劣。为防止这类群死群伤的恶性火灾事故的发生，从材料防火阻燃的角度在源头上解决人员密集的影剧院及歌舞娱乐场所等火灾高危场所的火灾防控技术难题是十分必要的。近年来，我国各类影院发展迅速，各种影院、剧院、放映厅，以及 IMAX 大型录像影厅不断涌现，影剧院的火灾安全形势更加引人关注。因此，公共场所大量使用的沙发、软质座椅的阻燃技术研究已成为我国消防科研人员的一项具有挑战性的重要研究课题。

  采用阻燃材料和制品来防止人身伤害和恶性火灾的发生，是一些发达国家和地区已实施多年并被证明行之有效的防火保护措施之一。美国的加利福尼亚州、马萨诸塞州、纽约州等通过地方法规或条例做出了比联邦政府法规更加严格的阻燃规定。日本、加拿大和我国台湾地区也要求采用阻燃的材料或制品制作沙发、软包等。根据相关法规和标准的要求,国外在阻燃沙发、软质座椅的研究和应用方面做了大量的工作。美国的一些企业在聚氨酯泡沫的阻燃改性方面做了大量的工作,通过在聚氨酯泡沫的双组分原料中加入有机磷系阻燃剂或磷卤系有机阻燃剂来对聚氨酯泡沫进行改性,使聚氨酯泡沫具有一定的阻燃性。同时,采用具有良好的耐高温和阻燃性能的芳纶纤维织物作为隔离层,延缓火焰的蔓延和发展,面层织物则多采用后整理的棉织物。日本则有企业将耐洗涤的阻燃丙纶纤维和织物用于软垫的填充物或面料。

与一些发达国家相比,我国阻燃软质座椅的研究和应用存在较大的差距,这一方面是由于我国阻燃制品的标准及法规体系建设起步较晚,另一方面是由于我国的相关配套材料和生产技术还存在明显的差距。在国内,多数人群对软质座椅、沙发潜在的火灾危险性还不够了解,导致人们仅仅关心上述产品的外观和舒适性,而忽视了安全性。

针对目前影剧院软质座椅容易着火燃烧,且着火后火焰蔓延速度快、火势发展迅速,并产生大量有毒烟气,极易导致群死群伤火灾事故的现状,本章在前期已开展的聚氨酯软质泡沫阻燃技术、阻燃织物阻燃技术、阻燃护套多层防火保护技术的基础上,从材料选择、新型环保阻燃技术、整体阻燃方案设计三方面展开研究。系统地研究影剧院软质座椅整体的阻燃技术问题,研制一种具有实际应用价值,美观舒适,且可以有效防止火灾蔓延扩大的影剧院阻燃软质座椅。

2.2　阻燃软质座椅的研制

影剧院软质座椅需要使用的原料种类较多,包括织物面料、坐垫和靠背用泡沫、扶手用弹性体材料、座椅背板、支架、连接件和各种配件。其中,普通座椅使用的织物面料、坐垫和靠背用泡沫、扶手用弹性体材料、座椅背板等均为普通可燃或易燃性材料,尤其是坐垫和靠背使用的聚氨酯泡沫,火灾危险性极高。因此,首先需要研究解决以上各类材料的阻燃问题,在保证使用功能、美观和舒适性的前提下,尽可能提高其阻燃性能。

2.2.1　阻燃织物面料研制

纺织面料由于具有颜色丰富、色彩柔和、触感舒适、耐磨等优点而被广泛用于影剧院软质座椅。普通纺织物的燃烧性能通常不高，但纺织物的阻燃技术比较成熟，主要包括原料阻燃（本质阻燃）和后整理阻燃两种。原料阻燃是直接在纤维的生产过程中进行阻燃，首先制造出阻燃纤维，然后再织布，这种阻燃织物具有长效阻燃性能；而后整理阻燃是对纺织品进行阻燃后处理，该方法成本较低，但产品的阻燃性能一般会随着使用时间和洗涤次数的增加而逐渐降低，甚至消失。

应急管理部四川消防研究所通过与国内相关企业合作，研制了满足影剧院软质座椅要求的耐洗涤阻燃织物，解决了生产和加工过程中的各种技术问题，并使之具备了批量生产能力。研究内容包括阻燃纤维的合成纺丝工艺技术、阻燃纤维的染色技术，并在此基础上通过设计、选择阻燃纱线品种以及配比、染色整理等，使阻燃织物面料的色泽、风格和质地满足影剧院软质座椅审美功能和使用功能的要求。制备出的两种颜色的影剧院软质座椅阻燃织物面料如图 2.1 所示。

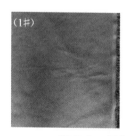

图 2.1　制备的阻燃织物面料

按照国家标准《建筑材料及制品燃烧性能分级》（GB 8624—2012）对两种阻燃织物面料的燃烧性能进行了测试，测试结果见表 2.1。

表 2.1　阻燃织物面料的燃烧性能

样品编号	氧指数 %	损毁长度/mm	燃烧性能等级
阻燃织物面料 1#	36.4	76	B_1
阻燃织物面料 2#	38.4	75	B_1

从表 2.1 中可以看到，两种阻燃织物面料的氧指数分别为 36.4% 和 38.4%，

均大于 32%；垂直燃烧试验的损毁长度分别为 76 mm 和 75 mm，均小于 150 mm；燃烧性能均能达到国家标准《建筑材料及制品燃烧性能分级》（GB 8624—2012）规定的难燃 B_1 级。

2.2.2 座椅用阻燃泡沫研制

1. 阻燃聚氨酯软泡配方研究

不同的阻燃元素、不同的阻燃剂复配使用，可产生良好的阻燃协同效应，使得其阻燃效果优于其中任何一种单独使用时的效果。例如，磷化物与含氮化合物等一同使用具有显著的协同效应作用，磷系和卤系阻燃剂共同使用时阻燃效果更好，液体阻燃剂与固体阻燃剂复配也能产生协同效应。为了研究不同阻燃剂复配对聚氨酯泡沫阻燃性能的影响，通过不同的配方组合研究了阻燃剂之间的协同效应作用，并筛选出了适合的阻燃配方。聚氨酯泡沫发泡的配方组成及阻燃配方设计见表 2.2 和表 2.3。

表 2.2　聚氨酯泡沫的配方组成

原料名称	主要作用
多元醇	主反应原料
多异氰酸酯	主反应原料
水	链增长剂和发泡剂
交联剂	提高泡沫的机械性能（如弹性等）
催化剂（胺及有机锡）	催化发泡反应及凝胶反应
泡沫稳定剂	使泡孔稳定并控制孔的大小及结构
发泡剂（如 HCFC-141b、环戊烷等）	汽化后作为气泡来源并移去反应热
阻燃剂	使泡沫具有阻燃性

表 2.3　聚氨酯泡沫阻燃配方设计方案

方案	配方
一	聚磷酸铵＋TDCP
二	聚磷酸铵＋液体阻燃剂[三(β-氯乙基)磷酸酯]
三	TDCP＋三聚氰胺
四	TDCP＋液体阻燃剂[三(β-氯乙基)磷酸酯]

选取了 TDCP[磷酸三(1, 3-二氯-2-丙基)酯]、聚磷酸铵、三聚氰胺、三(β-氯乙基)磷酸酯等不同体系的几种阻燃剂，通过设计不同的阻燃配方，对其在聚氨酯软泡中的阻燃作用进行了对比研究。TDCP、聚磷酸铵、三聚氰胺和3-β-氯乙基磷酸酯对聚氨酯泡沫的阻燃性能有明显的改善作用，随着阻燃剂含量的增大，聚氨酯泡沫的阻燃性能提高。从试验结果来看，各种阻燃剂对聚氨酯泡沫制品的阻燃性能均有较大影响。其中，在阻燃剂含量小于 10 份时，聚磷酸铵阻燃效果最好，但当阻燃剂含量大于 10 份时，TDCP 的阻燃效果最好。

对聚磷酸铵 + TDCP、聚磷酸铵 + 液体阻燃剂[三(β-氯乙基)磷酸酯]、TDCP + 三聚氰胺及 TDCP + 三(β-氯乙基)磷酸酯等阻燃复配效果进行了研究，不同阻燃剂配方的氧指数测试结果表明：

聚磷酸铵和 TDCP 按 1:1 复配在添加量为 20 份时，氧指数较单一聚磷酸铵阻燃剂提高了 8.2%，较单一 TDCP 提高了 2.6%；液体阻燃剂和聚磷酸铵按 1:3 复配在添加量为 20 份时，氧指数较单一聚磷酸铵阻燃剂提高了 1.6%，较单一液体阻燃剂提高了 3.3%；TDCP 和三聚氰胺复配时，随着体系中 TDCP 含量的增大，阻燃剂体系对聚氨酯泡沫的协同阻燃作用逐渐增强；TDCP 和液体阻燃剂复配时，随着体系中 TDCP 含量的增大，阻燃剂体系对聚氨酯泡沫的协同阻燃作用逐渐增强。

通过对阻燃剂用量、材料阻燃性能、物理机械性能、加工性能及经济性等进行综合对比分析，确定了阻燃聚氨酯泡沫的配方并进行了中试生产。

2. 中试生产及样品试制

中试生产所使用的主要仪器设备如图 2.2 所示。

图 2.2　中试生产使用的仪器设备

采用图 2.2 所示的中试生产设备进行了影剧院阻燃软质座椅用聚氨酯泡

沫组件的加工生产，生产的样品如图 2.3 所示。采用中试设备生产的阻燃座椅用泡沫组件满足阻燃座椅的实验研究和应用示范的需要。

图 2.3　中试生产的阻燃软质座椅用聚氨酯泡沫组件

2.2.3　座椅坐垫和靠背复合防火保护技术研究

在软质聚氨酯泡沫坐垫和靠背的研制过程中，虽然可以通过改变阻燃剂的添加量获得具有阻燃性能的阻燃软质聚氨酯泡沫坐垫和靠背，但发现阻燃剂添加量大在提高阻燃性能的同时，阻燃软质聚氨酯泡沫坐垫和靠背往往会变硬，而且其回弹性会受到很大的损伤，这对保持座椅的使用性能和舒适性是很不利的。为了解决上述问题，四川消防研究所通过与相关企业合作，经过反复试验分析和研究，研制出了由柔性阻燃材料制成并适用于软质座椅的防火护套，该防火护套能平滑地包覆于软质座椅用阻燃聚氨酯泡沫表面，可以保证软质座椅的柔软性和舒适性。将该防火护套包覆在阻燃的软质聚氨酯泡沫表面进行实体燃烧试验，试验结果表明阻燃效果得到了增强，在不同的火源和试验条件下，均未出现火焰大范围蔓延的情况，阻燃软质座椅的可靠性得到了明显提升。

2.2.4　座椅防火背板的研制

普通影剧院座椅的背板和侧板一般采用多层木板经高温模压而成，具有强度高、价格低等特点。但采用模压多层木板制造的影剧院座椅的背板和侧板本身属于普通可燃性材料，在发生火灾时不仅无法起到防火阻隔作用，而且遇火时会燃烧，并加快火势的蔓延。

　　针对普通影剧院座椅的背板和侧板存在的问题，首先采用防火涂料对影剧院座椅的背板和侧板进行防火保护。从实施的效果来看，防火性能是比较好的，但也存在一些问题：首先是防火涂料存在的耐久性问题，其次是成本比较高，最后环保方面也存在有机物释放的问题。为了使研制出的影剧院座椅具有长期可靠的防火阻燃性能，同时符合国家有关室内环境的环保要求，经反复研究后，最终否定了这一技术方案。通过比较和分析，决定采用难燃玻璃钢来制作影剧院座椅的背板和侧板。为了提高难燃玻璃钢背板组件的强度，以满足座椅背板的承载和抗冲击要求，采用了层板与酚醛玻璃钢树脂多层复合的方式，既提高了座椅背板的承载和抗冲击性能，又增强了金属件与复合玻璃钢背板的连接强度。此外，为了提高复合玻璃钢背板高温受火状态下保持结构完整性的能力，在树脂中添加了耐高温填料。受火时，玻璃钢背板中的耐高温填料在高温下形成可靠的耐火分隔层，可有效地阻止火焰穿透背板和侧板，从而减小火势的蔓延范围。

2.2.5　阻燃座椅扶手研究

　　目前，常用影剧院软质座椅的扶手有两种：一种为硬质扶手，另一种为软质扶手。硬质扶手由塑料注塑成型，生产工艺简单，成本较低，在早期的影剧院中被大量使用。软质扶手使用的材料种类较多，生产工艺相对复杂，成本较高，其舒适性明显优于硬质座椅，因此，软质扶手正在逐渐替代硬质扶手。考虑到座椅的舒适性，采用软质扶手作为影剧院阻燃软质座椅的扶手部件。

　　根据座椅的舒适性和扶手部件的可加工性两方面的要求，选择热塑性弹性体材料作为软质扶手的原料。热塑性弹性体既具备传统交联硫化橡胶的高弹性、耐老化、耐油等各项优异性能，同时又具备热塑性材料加工方便、加工方式多的优点。热塑性弹性体材料具有很好的可加工性，可以采用注塑、挤出、吹塑等多种加工方式进行生产，并且其制品手感舒适、外观精美，很适合用于制造软质座椅扶手。根据影剧院阻燃软质座椅的燃烧性能要求，在试验比较的基础上，选择了一种氧指数达到 36%，垂直燃烧性能达到 V-0 级的阻燃热塑性弹性体材料作为加工扶手弹性体部件的原料，选择生产效率较高的注塑成型技术加工座椅扶手部件。图 2.4 所示为加工座椅扶手部件的注塑成型设备。

图 2.4 座椅扶手部件的注塑成型设备

软包部件是扶手的一个关键部分，在使用功能方面，要求柔软舒适；在外观方面，软包部件对扶手的整体美观性有很大影响；在阻燃性能方面，软包部件是扶手组成部件中材料种类最多的部件，包括衬板、泡沫、织物面料等多种可燃材料，对扶手的阻燃性能具有决定性影响。在对衬板进行可靠阻燃处理的基础上，采用阻燃泡沫及阻燃织物完成了座椅扶手的制作。图 2.5 所示是组装完成的扶手样品。

图 2.5 组装完成的扶手样品

2.2.6 阻燃座椅试样制备

在完成了阻燃座椅使用的聚氨酯泡沫、座椅面料、背板、扶手等各主要部件的阻燃配方研制、设备准备及生产工艺改进后，通过与相关单位合作，形成了阻燃座椅所需的聚氨酯泡沫、座椅面料、背板及扶手等主要原材料及部件的小批量生产能力。在此基础上，依托阻燃座椅组装生产线（见图 2.6）进行阻燃座椅组件的装配（见图 2.7）。

图 2.6　阻燃座椅组装生产线

图 2.7　阻燃座椅组件

座椅的构造方式对阻燃座椅整体的防火性能会产生较大的影响。在研发过程中采用了防火分隔、层层阻燃等构造方式，有效提升了阻燃座椅整体的防火性能。通过对不同阻燃材料的防火阻燃性能、柔韧性、美观舒适性等开展的反复试验和测试，确定了影剧院阻燃软质座椅的材料组成、加工工艺、构造形式和组装工艺，研制出了影剧院阻燃软质座椅，如图 2.8 所示。

图 2.8 影剧院阻燃软质座椅样品

2.2.7 座椅燃烧性能试验

在解决影剧院阻燃软质座椅各部件的技术问题后，进行了小批量的座椅生产组装，开展了单个座椅的整体燃烧性能试验，以及连排座椅的燃烧性能试验。然后根据燃烧性能的试验结果，再对阻燃软质座椅进行改进和完善。

1. 单个座椅的燃烧性能试验

现行国家标准《建筑材料及制品燃烧性能分级》（GB 8624—2012）对建筑材料及制品的燃烧性能进行了分级和判定，也包括对家具、组件等特定用途制品的燃烧性能分级和判定。影剧院软质座椅属于软质家具的一种，其燃烧性能分为三个等级，测试样品为单个座椅。

按照 GB 8624—2012 规定的测试方法对单个座椅的燃烧性能进行了试验，结果显示该座椅燃烧性能达到 B_1 级。

图 2.9 所示为阻燃软质座椅热释放速率和烟密度试验曲线。根据图中的热释放速率（HRR）曲线数据，可以对阻燃软质座椅在试验过程中的燃烧发展过程分析如下：在 120 s 打开点火源后，座椅开始燃烧，热释放速率迅速

增大，在 260 s 左右达到 42 kW 的最大值，然后逐渐降低；在 420 s 点火源关闭后，座椅被引燃的部分（主要是靠背和坐垫的泡沫）继续燃烧，燃烧区域有一定程度的扩展，导致热释放速率增大；随着阻燃泡沫表面的保护碳层逐渐形成，对热量和氧气进行了阻隔，在 900 s 以后，泡沫的燃烧得到控制，热释放速率逐渐降低。从图中的烟密度曲线数据可以看到，阻燃软质座椅在燃烧过程中的产烟速率较小，而且比较稳定，烟密度在 10% 上下浮动，烟密度的最大值为 18%，整个试验过程中烟密度的变化过程如下：在打开点火源后，座椅开始燃烧，烟密度迅速增大，在 260 s 左右达到第一个峰值 17%，然后逐渐降低；在点火源关闭后，座椅被引燃的部分继续燃烧，燃烧区域有一定程度的扩展，导致烟密度增大，在 900 s 左右到达最高值 18%；随着泡沫的燃烧得到控制，烟密度逐渐降低。

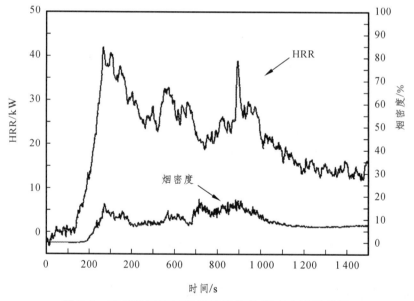

图 2.9 阻燃软质座椅热释放速率和烟密度试验曲线

2. 连排座椅的燃烧性能试验

现行国家标准《建筑材料及制品燃烧性能分级》（GB 8624—2012）规定了单个座椅的燃烧性能试验方法及判定指标。但在实际应用中，影剧院中的软质座椅通常是连排安装，并固定在地面上的。火灾案例和大量的试验研究表明，连排座椅的火灾危险性大大高于单个座椅，尤其是连排安装的软质座椅，其火灾危险性很高。实体燃烧试验发现，单个座椅的燃烧性能并不能全面反映连排座椅的真实燃烧特性。

为了降低连排安装座椅的火灾风险，根据中国工程建设标准化协会标准《阻燃座椅应用技术规程》（T/CECS 733—2020）的要求，影剧院的观众厅或观众席等场所连排使用的阻燃座椅的阻燃性能除应达到国家标准 GB 8624 规定的阻燃 B_1 级外，还应通过连排座椅燃烧性能试验。按照连排座椅燃烧性能试验及评价方法的相关要求对影剧院阻燃软质座椅的连排座椅燃烧性能进行测试。该试验方法对座椅安装的数量和方式、引火源的设置进行了规定，并通过座椅燃烧过程中产生的热释放速率、热释放量以及火焰蔓延的范围等燃烧性能指标来评价测试样品的连排燃烧性能。

按照连排座椅燃烧性能试验及评价方法的相关要求，对不同防火处理和构造方案的影剧院阻燃软质座椅进行了测试。图 2.10 所示为采用构造方案 A 研制的影剧院阻燃软质座椅的连排座椅燃烧性能试验的热释放速率数据，试验过程中座椅的燃烧情况如图 2.11 所示。

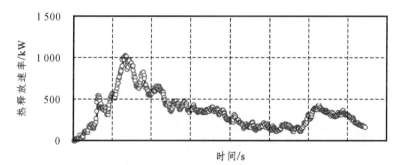

图 2.10　连排座椅试验热释放速率（方案 A）

图 2.11   试验过程中座椅燃烧情况（方案 A）

图 2.12 所示为采用构造方案 B 研制的影剧院阻燃软质座椅的连排座椅燃烧性能试验的热释放速率数据，试验过程中座椅的燃烧情况如图 2.13 所示。

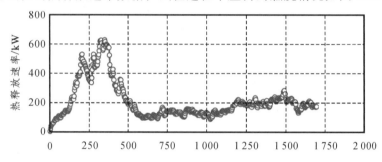

图 2.12   连排座椅试验热释放速率（方案 B）

图 2.13   试验过程中座椅燃烧情况（方案 B）

从两种构造方案的连排座椅燃烧性能试验结果和试验数据来看，采用不同防火处理和构造方案，对影剧院阻燃软质座椅的连排座椅燃烧性能试验结果具有一定的影响，但两种构造方案的影剧院阻燃软质座椅的连排座椅燃烧性能均能满足连排座椅燃烧性能试验及评价方法的要求。测试过程中火焰的蔓延范围得到了有效的控制，最大热释放速率分别在 600 kW 和 1000 kW 左右，低于连排座椅燃烧性能试验及评价方法中 2 000 kW 的要求，更远低于普通影剧院软质座椅约 8 000 kW 的最大热释放速率试验结果。

2.3　阻燃软质座椅的燃烧性能测试

将研制的影剧院阻燃软质座椅样品送国家防火建筑材料质量监督检验中心分别按《建筑材料及制品燃烧性能分级》（GB 8624—2012）和《阻燃座椅应用技术规程》（T/CECS 733—2020）的要求进行单个座椅和连排座椅的燃烧性能测试。

按照国家标准《建筑材料及制品燃烧性能分级》（GB 8624—2012）对影剧院阻燃软质座椅的燃烧性能进行了测试，测试结果表明其燃烧性能达到难燃 B_1 级。具体测试数据见表 2.4，影剧院阻燃软质座椅燃烧的最大热释放速率为 94 kW，远低于标准规定的 200 kW；5 min 内释放出的总能量为 6 MJ，远低于标准规定的 30 MJ；最大烟密度为 11%，远低于标准规定的 75%。

表 2.4　单个座椅燃烧性能测试数据

检验项目		检验方法	标准要求	检验结果	结论
燃烧性能	热释放速率峰值/kW	GB/T 27904—2011	≤200	94	合格
	5 min 内放出的总能量/MJ		≤30	6	合格
	最大烟密度/%		≤75	11	合格
抗引燃特性		GB 17927.1—2011	无有焰燃烧引燃或阴燃引燃现象	无有焰燃烧引燃或阴燃引燃现象	合格

按照《阻燃座椅应用技术规程》（T/CECS 733—2020）的要求对影剧院

阻燃软质座椅的连排座椅燃烧性能进行了测试，具体测试数据见表 2.5：在连排座椅燃烧性能测试中，影剧院阻燃软质座椅燃烧的最大热释放速率为 83.6 kW，远低于标准规定的 2 000 kW；10 min 内释放出的总能量最大值为 18.3 MJ，远低于标准规定的 300 MJ；与火源相邻的座位有局部燃烧，但未蔓延至同一排两侧边沿的座椅；与火源相邻的前后排中间三个座椅有局部燃烧，但未蔓延至同一排两侧边沿的座椅。测试结果表明影剧院阻燃软质座椅的连排座椅燃烧性能达到中国工程建设标准化协会标准《阻燃座椅应用技术规程》（ T/CECS 733—2020 ）的要求。

表 2.5　连排座椅燃烧性能测试数据

检验项目		检验方法	标准要求	检验结果	结论
引火源位于座椅上方	热释放速率峰值/kW	T/CECS 733—2020	≤2 000	69	合格
	10 min 内的总热释放量/MJ		<300	10.1	合格
	30 min 内火焰蔓延情况		与火源相邻的座位允许有局部燃烧，但不应蔓延至同一排两侧边沿的座椅	与火源相邻的座位无局部燃烧	合格
			与火源相邻的前后排中间三个座椅允许有局部燃烧，但不应蔓延至同一排两侧边沿的座椅	与火源相邻的前后排中间三个座椅无局部燃烧	合格
引火源位于座椅下方	热释放速率峰值/kW		≤2 000	83.6	合格
	10 min 内的总热释放量/MJ		<300	18.3	合格
	30 min 内火焰蔓延情况		与火源相邻的座位允许有局部燃烧，但不应蔓延至同一排两侧边沿的座椅	与火源相邻的座位有局部燃烧，但未蔓延至同一排两侧边沿的座椅	合格
			与火源相邻的前后排中间三个座椅允许有局部燃烧，但不应蔓延至同一排两侧边沿的座椅	与火源相邻的前后排中间三个座椅有局部燃烧，但未蔓延至同一排两侧边沿的座椅	合格

2.4 阻燃软质座椅应用示范

近年来，我国的影剧院数量、放映和演出场次、观众数量均迅速增长，且影剧院的规模越来越大、结构越来越复杂，由此带来的消防问题和火灾风险也日益突出，影剧院等人员密集场所一旦发生火灾，往往造成重大的人员伤亡。影剧院还具有人员密集、流动性高，空间封闭、疏散困难，可燃物多、火灾荷载大等特征。特别是近年来，电影院常常开设在大型城市综合体、高层或超高层建筑中，使其所处的环境更加复杂、多变，极大地增加了电影院的火灾危险性和火灾影响范围，并给人员疏散、火灾扑救都带来了巨大的挑战。

针对影剧院软质座椅易燃的问题，本章研制了适用于影剧院等人员密集场所的新型阻燃软质座椅。该阻燃软质座椅具有优异的阻燃性能，经国家防火建筑材料质量监督检验中心检测，其燃烧性能达到国家标准《建筑材料及制品燃烧性能分级》（GB 8624—2012）规定的难燃 B_1 级；其连排座椅燃烧性能检测的热释放速率峰值为仅 83.6 kW。本章研制的影剧院阻燃软质座椅在重庆市和成都市的两个电影院的 3 个电影放映厅开展了应用示范。

图 2.14 所示为应用示范工程（一）：重庆市某影城 2 号电影放映厅应用示范工程。图中所示分别为 2 号电影放映厅的原有座椅、原有座椅拆除后的场地情况以及新型阻燃软质座椅应用示范工程安装完成后的情况。

（a）2 号放映厅 　　　　（b）原有座椅

（c）原有座椅拆除　　　　　（d）应用示范座椅

图 2.14　应用示范工程（一）

图 2.15 所示为应用示范工程（二）：重庆市某影城 3 号电影放映厅应用示范工程。图中所示分别为 3 号电影放映厅的原有座椅、原有座椅拆除后的场地情况以及新型阻燃软质座椅应用示范工程安装完成后的情况。

（a）3号放映厅　　　　　　（b）原有座椅

（c）原有座椅拆除　　　　　（d）应用示范座椅

图 2.15　应用示范工程（二）

图 2.16 所示为应用示范工程（三）：成都市某影城 2 号电影放映厅应用示范工程。图中所示分别为 2 号电影放映厅的原有座椅、原有座椅拆除后的场地情况以及新型阻燃软质座椅应用示范工程安装完成后的情况。

（a）2号放映厅　　　（b）原有座椅

（c）原有座椅拆除　　　（d）应用示范座椅

图 2.16　应用示范工程（三）

2.5　本章小结

通过收集相关资料和调查分析，在反复试验的基础上，解决了影剧院软质座椅各组件防火阻燃及生产工艺方面的一系列技术难题，确定了影剧院阻燃软质座椅的生产工艺路线，并形成了小批量生产的能力。研制的影剧院阻燃软质座椅产品不仅具有优异的阻燃性能，而且不会降低影剧院软质座椅的美观和舒适性，在美观、舒适和阻燃方面达到了有机的统一，解决了影剧院阻燃软质座椅的阻燃与美观、舒适相矛盾的难题。解决的关键技术问题和取得的技术成果主要包括以下几个方面：

（1）通过适合影剧院座椅使用的阻燃织物、阻燃泡沫、防火背板、阻燃

扶手部件，以及座椅泡沫坐垫和靠背复合防火保护技术等方面研究工作的开展，系统研究了影剧院软质座椅阻燃关键技术，克服了防火阻燃与座椅美观及舒适性相矛盾的技术难题，研制出适用于影剧院等人员密集场所的新型阻燃软质座椅。研究了影剧院阻燃软质座椅的各种材料及部件的加工工艺，以及座椅整体装配技术工艺，初步形成了小批量生产能力，并首次开展了更加接近影剧院座椅实际应用场景的连排座椅燃烧性能试验。

（2）对单个阻燃软质座椅和连排安装的阻燃软质座椅的燃烧性能进行了测试分析，并对阻燃软质座椅的材料和构造进行了优化和完善。经国家防火建筑材料质量监督检验中心检验：影剧院阻燃软质座椅的燃烧性能达到 GB 8624—2012 规定的软质家具难燃 B_1 级；其连排座椅燃烧性能达到中国工程建设标准化协会标准《阻燃座椅应用技术规程》（T/CECS 733—2020）的相关要求，热释放速率低，并能有效防止火势的蔓延和扩散。

（3）在重庆市和成都市 2 个电影院的 3 个电影放映厅开展了影剧院阻燃软质座椅应用示范。

第3章

新型阻燃软包制品的研究

3.1　前　言

　　软包装饰是建筑物室内装修常见的装修形式,是一种在建筑室内天花板、墙体表面采用柔性材料加以包装的装饰方法。软包装饰所用到的软包制品主要包括面料和填充材料两种原材料。其中,面料一般为织物、皮革或人造革;填充材料通常为泡沫、棉毡类材料。软包装饰所使用的材料质地柔软、色彩柔和,造型立体感强,能够柔化室内空间氛围,起到美化空间的作用,并且它还具有吸音、隔音、防潮、防撞等功能。软包装饰早期一般应用于电影院、剧院、酒店宾馆、会议室、歌舞娱乐游艺场等人员密集场所,现在在办公室、普通家庭装修中也有使用。

　　软包装饰通常在天花板、墙面上进行大面积连片铺设,且其所用的都是易燃材料,特别是泡沫类填充材料通常容易燃烧且在燃烧时会产生大量浓烟。因此,软包装饰材料具有较高的火灾危险性,在火灾中一旦被引燃,极易发生连片燃烧,火灾蔓延迅速,不易扑灭,且燃烧过程中产烟量大、烟气毒性高。2008年9月20日,广东省深圳市龙岗区舞王俱乐部发生特大火灾,事故造成43人死亡,数十人受伤。根据新闻媒体的公开报道,该起火灾是由于舞台表演中燃放的烟花喷发时引燃室内软包装饰材料,进而迅速蔓延发展成特大火灾。在火灾发生的初期,现场工作人员曾使用手提式干粉灭火器进行灭火,起动了自动灭火设施,但这些灭火措施均未能有效控制住火势的发展,大火迅速蔓延扩大,并产生大量浓烟,浓烟迅速笼罩整个大厅,从而造成重大的人员伤亡。由此可见,由于铺设面积大且大量使用可燃、易燃的软包装饰等建筑室内装饰材料具有较大的火灾危险性,特别是在人员密集场所,一旦发生火灾,火势发展非常迅速且难以有效控制,并伴随大量浓烟产生,极易造成群死群伤的恶性事故。

我国关于建筑物室内装修的国家标准为《建筑内部装修设计防火规范》（GB 50222），该标准最早颁布于 1995 年，是我国第一部统一的建筑内部装修设计防火技术规范，统一规范了建筑装修设计、施工、材料生产和消防监督等各部分的技术行为。随着时代的发展，新型建筑结构形式、特殊功能及多功能的建筑物大量涌现，大量新型建筑装修材料、新工艺开始使用，该标准也进行了多次修订，最新的修订版本于 2017 年发布。《建筑内部装修设计防火规范》（GB 50222—2017）对单层、多层民用建筑和高层民用建筑内部各部位装修材料的燃烧性能等级进行了规定，其中涉及影剧院及歌舞娱乐场所墙面装饰材料的内容包括：观众厅、会议厅、多功能厅、等候厅等，当每个厅建筑面积不大于 400 m^2 时，墙面装修材料燃烧性能等级不应低于 B$_1$ 级；歌舞娱乐游艺场所墙面装修材料燃烧性能等级不应低于 B$_1$ 级。该标准将装修材料按其燃烧性能划分为四级：A 级（不燃性）、B$_1$（难燃性）、B$_2$（可燃性）、B$_3$（易燃性）；并且装修材料的燃烧性能等级应按现行国家标准《建筑材料及制品燃烧性能分级》（GB 8624）的有关规定，经检测确定。需要特别指出的是，《建筑内部装修设计防火规范》（GB 50222—2017）在第一章中就提出"建筑内部装修设计应积极采用不燃性材料和难燃性材料，避免采用燃烧时产生大量浓烟或有毒气体的材料"。

在我国的行业标准《电影院建筑设计规范》（JGJ 58—2008）中，也对电影院的防火设计作出了要求，其中涉及墙面装饰材料的条款内容如下：

（1）观众厅、声闸和疏散通道内的墙面材料不应低于 B$_1$ 级。各种材料均应符合现行国家标准《建筑内部装修设计防火规范》（GB 50222）中的有关规定。

（2）放映机房墙面材料不应低于 B$_1$ 级。

（3）电影院内吸烟室的室内装修墙面应采用不低于 B$_1$ 级材料。

综上可知，由于铺设面积大且大量使用易燃材料，软包装饰等建筑室内装饰材料具有较大的火灾危险性，特别是在人员密集场所，一旦发生火灾，火势发展迅速且难以控制，容易造成重大人员伤亡。虽然相关标准规范对建筑内部装修材料的燃烧性能有了要求，但目前公共娱乐场所阻燃材料的应用和阻燃技术的研发仍然远远不足，仍然出现了深圳"9·20"这样的重大火灾事故。因此，本章针对影剧院及歌舞娱乐场所等人员密集场所常见的软包装修材料存在的燃烧性能差、烟气毒性大等问题，介绍一种研发的适用于人员密集场所的新型阻燃软包制品。

3.2 阻燃软包制品的研制

软包装饰所用到的软包制品主要包括：面料和填充材料等主要原材料。如图 3.1 所示，电影院等场所中使用的墙面软包装饰通常是连片铺设，并覆盖整个墙面。根据墙面几何图案的设计要求，通常会将填充材料设计成不同尺寸块状，用面料将块状填充材料分别包覆后拼装到墙面上。根据软包制品材料组成、结构形式和安装方式的特征，将新型阻燃软包制品的研制分解为阻燃填充材料、阻燃面料和填充材料的分隔防护等三个部分。

图 3.1　电影院墙面软包装饰

3.2.1　阻燃填充材料

阻燃软包制品的原材料中使用量最大，对燃烧性能影响最大的是填充材料。软包装饰填充材料使用最多的是普通聚氨酯泡沫，对燃烧性能有一定要求的场所目前也使用阻燃聚氨酯泡沫、密胺泡沫或岩棉等填充材料。聚氨酯泡沫、密胺泡沫由于聚氨酯和密胺材料自身的化学成分决定了其存在燃烧烟气毒性大的问题，对人体健康和环境都有很大的影响，在火灾中常常造成火场人员因吸入有毒烟气而发生伤亡的事故，如造成 43 人死亡的深圳龙岗区舞王俱乐部特大火灾事故中就有多人是由于吸入大量有毒烟气而导致死亡的。岩棉类材料长期使用存在吸潮粉化等问题。橡塑泡沫作为一种多孔材料，具备轻质、隔热、隔音等特点，已被广泛用于建筑节能保温领域。普通橡塑泡沫，属于易燃材料，在燃烧过程中可能出现熔滴现象，但其阻燃性能可通过阻燃处理而得到大幅提高，并且阻燃橡塑泡沫具有燃烧烟气毒性低的优点。因此，橡塑泡沫经过阻燃处理后可作为新型阻燃软包制品的填充材料。

阻燃橡塑泡沫研究的关键技术在于提高橡塑泡沫阻燃性能的同时还要保证其良好的发泡质量。对橡塑泡沫进行阻燃处理，阻燃剂的添加量较大，通常达到橡塑基体材料质量的 60%~80%，这对阻燃橡塑泡沫的发泡质量会产生较大的影响。因此，研制阻燃橡塑泡沫需要根据阻燃剂的添加量适当调整发泡剂的含量。首先通过实验研究阻燃剂和发泡剂添加量对阻燃橡塑泡沫发泡质量的影响，研究结果见表 3.1。

表 3.1　阻燃剂及发泡剂添加量对阻燃橡塑泡沫发泡质量的影响

基体材料/份	阻燃剂/份	发泡剂/份	助剂/份	发泡质量
50	30~35	13.5	22	较差
50	30~35	14	22	较差
50	30~35	14.5	22	较好
50	35~40	14.5	22	较差
50	35~40	15	22	较好
50	35~40	15.5	22	较好

从表 3.1 可以看到，当阻燃剂的添加量为 30~35 份，发泡剂的添加量为 13.5~14 份时，阻燃橡塑泡沫的发泡质量都较差，当发泡剂的添加量增加到 14.5 份时，阻燃橡塑泡沫的发泡质量较好；当阻燃剂的添加量为 35~40 份，发泡剂的添加量为 14.5 份时，阻燃橡塑泡沫的发泡质量较差，当发泡剂的添加量增加到 15~15.5 份时，阻燃橡塑泡沫的发泡质量较好。

阻燃橡塑泡沫的燃烧性能主要受到阻燃剂含量的影响，对阻燃剂含量为 30~40 份的阻燃橡塑泡沫的氧指数进行了测试，测试数据如图 3.2 所示。

从图 3.2 中可以看到，当阻燃剂添加量为 30 份时，阻燃橡塑泡沫的氧指数为 27%，随着阻燃剂含量的增加，阻燃橡塑泡沫的氧指数逐渐提高，当阻燃剂含量为 32.5 份、35 份、37.5 份和 40 份时，阻燃橡塑泡沫的氧指数分别为 30%、35%、39% 和 41%。

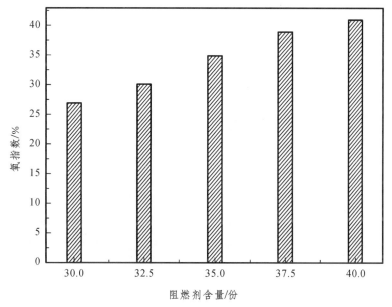

图 3.2   阻燃橡塑泡沫的氧指数测试数据

综合考虑发泡质量、阻燃性能以及经济性等因素,选择阻燃剂含量为 37.5 份,发泡剂含量为 15.5 份的实验配方作为阻燃橡塑泡沫的生产配方。采用大型橡塑生产设备按照该生产配方制备阻燃橡塑泡沫用于新型阻燃软包制品的研究及燃烧性能测试。阻燃橡塑泡沫的生产主要包括称料、密炼、开炼、挤出、发泡、冷却定型等步骤,生产工艺流程如图 3.3 所示。

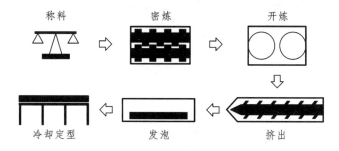

图 3.3   阻燃橡塑泡沫生产工艺流程示意图

图 3.4 所示为阻燃橡塑泡沫的生产过程。首先按配方称取基体材料、阻燃剂、发泡剂、助剂等原材料;然后将称取的原材料加入密炼机中进行密炼,得到混合胶料;密炼结束后,立即将混合胶料转移到开炼机上进一步进行炼胶,得到胶条;然后将胶条加入单螺杆挤出机中,挤出成待发泡样

品，挤出机料筒从喂料口到机头的温度为 20 ~ 40 ℃；挤出的待发泡样品直接由传送带送入发泡炉中发泡，发泡炉从进料口到出料口的温度实行分区控制，温度为 125 ~ 168 ℃；发泡完成后，出炉冷却定型，即得到阻燃橡塑泡沫。

（a）密炼

（b）开炼

（c）挤出

（d）发泡

（e）冷却定型

图 3.4   阻燃橡塑泡沫的生产过程

将生产的阻燃橡塑泡沫样品送到国家防火建筑材料质量监督检验中心进行燃烧性能检测，其检测结果见表 3.2。

表 3.2 阻燃橡塑泡沫燃烧性能

检验项目		检验结果
垂直燃烧	平均燃烧时间/s	10
	平均燃烧高度/mm	125
氧指数/%		38.5
单位面积热释放速率峰值/（kW/m²）		11

从表 3.2 中可以看到，阻燃橡塑泡沫的平均燃烧时间为 10 s，平均燃烧高度 125 mm，氧指数为 38.5 %，单位面积热释放速率峰值为 11 kW/m²。

3.2.2 阻燃面料

在软包装饰常用的几种表面材料中，纺织面料由于具有颜色丰富、色彩柔和、触感舒适、耐磨等优点而被广泛采用。普通纺织物的燃烧性能通常不高，但纺织物的阻燃技术比较成熟，因此，目前市场上有比较多的阻燃纺织物可供选择。纺织物的阻燃技术主要有原料阻燃和后整理阻燃两种。其中，原料阻燃是直接在纤维的生产过程中进行阻燃，首先制造出阻燃纤维，然后再织布，这种阻燃织物具有永久阻燃性能；而后整理阻燃是对纺织品进行阻燃后处理，该方法成本较低，但产品的阻燃性能一般会随着使用时间和洗涤次数的增加而逐渐降低，甚至消失。

如图 3.5 所示，选择了 6 种具有永久阻燃性能的阻燃织物作为阻燃软包制品的表面材料，并按照国家标准《建筑材料及制品燃烧性能分级》（GB 8624—2012）对其燃烧性能进行了测试，测试结果见表 3.3。

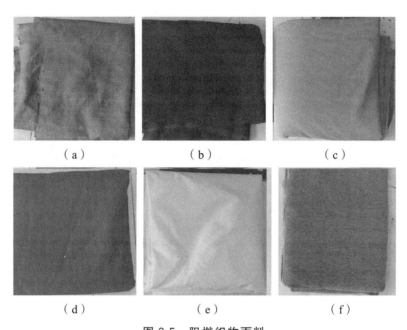

（a）　　　　　　　（b）　　　　　　　（c）

（d）　　　　　　　（e）　　　　　　　（f）

图 3.5　阻燃织物面料

表 3.3　阻燃织物面料燃烧性能

样品编号	氧指数/%	损毁长度/mm	燃烧性能等级
阻燃织物 A	33.6	129	B_1
阻燃织物 B	37.4	125	B_1
阻燃织物 C	36.4	76	B_1
阻燃织物 D	38.4	75	B_1
阻燃织物 E	38.5	122	B_1
阻燃织物 F	35.4	85	B_1

从表 3.3 中可以看到，6 种阻燃织物的氧指数为 33.6%～38.5%，均大于 32%；垂直燃烧试验的损毁长度为 75～129 mm，均小于 150 mm，燃烧性能均能达到国家标准《建筑材料及制品燃烧性能分级》（GB 8624—2012）规定的难燃 B_1 级。

3.2.3 填充材料的分隔防护

软包装饰在实际工程应用中虽然通常是连片铺设，但为了体现软包装饰的立体感，通常会将其设计成不同几何形状拼接的形式。软包装饰的几何拼接是通过软包制品填充材料的切割和分隔来实现的。首先根据设计的几何图案将填充材料切割成不同尺寸块状，然后用面料将块状填充材料分别包覆成分包块，最后将分包块按照设计的图案拼装并固定到墙面上。根据软包制品独特的分隔结构特点，采用无机防火布对块状填充材料进行分隔处理，可将填充材料的燃烧控制在单个分包块内，从而能够有效阻止火灾通过阻燃软包制品的填充材料发生蔓延。

新型阻燃软包制品采用了 2 种无机防火布作为分隔防护层，其物理性能见表 3.4。分别采用两种无机防火布作为分隔防护层制备了两种阻燃软包制品试样，并按照国家标准《建筑材料或制品的单体燃烧试验》（GB/T 20284—2006）对其燃烧性能进行了测试，测试结果表明：采用 1#防火布作为分隔防护层的阻燃软包制品试样的燃烧增长速率指数为 149 W/s；采用 2#防火布作为分隔防护层的阻燃软包制品试样的燃烧增长速率指数为 181 W/s。从试验结果可以看到，采用 1#防火布作为分隔防护层的阻燃软包制品具有更好的燃烧性能，表明其具有更好的分隔防护效果。

表 3.4 无机防火布物理性能

样品编号	1#无机防火布	2#无机防火布
面密度/（g/m²）	200	520
纤维直径/μm	11	13
纱线规格/tex	100	400
厚度/mm	0.18	0.50
经向强力（25×100 mm）/N	1 100	2 200
纬向强力（25×100 mm）/N	1 100	2 000

3.3　新型阻燃软包制品的性能测试

3.3.1　燃烧性能分级测试及产烟毒性测试

将制备的新型阻燃软包制品样品送到国家防火建筑材料质量监督检验中心，按照国家标准《建筑材料及制品燃烧性能分级》（GB 8624—2012）进行燃烧性能分级测试，其检测结果见表 3.5。

表 3.5　新型阻燃软包制品的燃烧性能分级测试数据

检验项目	标准要求	检验结果
燃烧增长速率指数（FIGRA）/（W/s）	≤ 250	149
600 s 内总热释放量（$THR_{600\,s}$）/MJ	≤ 15.0	2.9
火焰横向蔓延长度（LFS）	火焰横向蔓延未达到试样长翼边缘	符合要求
焰尖高度（F_s）/mm	≤ 150	55
过滤纸是否被引燃	过滤纸未被引燃	符合要求
烟气生成速率指数（SMOGRA）/（m^2/s^2）	≤ 180	85
600 s 总烟气生成量（TSP_{600s}）/m^2	≤ 200	169
燃烧滴落物/微粒	600 s 内无燃烧滴落物/微粒	符合要求
产烟毒性/级	ZA_3	ZA_3
燃烧性能等级	—	B_1 级

从表 3.5 中可以看到，新型阻燃软包制品的燃烧性能达到（GB 8624—2012）标准规定的难燃 B_1 级，且各项技术指标的测试结果均显著优于标准要求，产烟毒性等级达到 ZA_3 级。

3.3.2 ISO 9705 测试

将制备的新型阻燃软包制品样品送到国家防火建筑材料质量监督检验中心，并按照《对火反应试验 室内墙面和吊顶面制品 第 1 部分：小房间试验方法》（ISO 9705-1:2016）对其燃烧性能进行了测试。如图 3.6 所示，按照 ISO 9705-1:2016 标准的试样安装要求，将新型阻燃软包制品的测试样品安装在试验房间的三个墙面上。

图 3.6　新型阻燃软包制品 ISO 9705-1 测试样品安装

根据《对火反应试验 室内墙面和吊顶面制品 第 1 部分：小房间试验方法》（ISO 9705-1:2016）的试验要求，试验时间为 20 min，共分为两个阶段：前 10 min 为第一阶段，火源功率为 100 kW；后 10 min 为第二阶段，火源功率为 300 kW。图 3.7 所示为新型阻燃软包制品的 ISO 9705-1 测试过程。

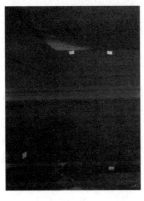 

（a）试验前　　　　　　　　　　　（b）点火

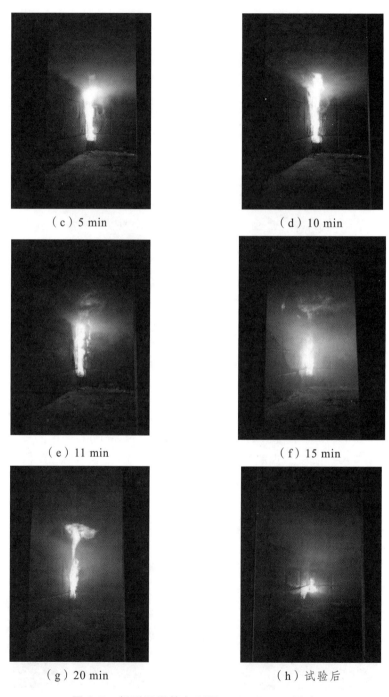

（c）5 min

（d）10 min

（e）11 min

（f）15 min

（g）20 min

（h）试验后

图 3.7　新型阻燃软包制品 ISO 9705-1 测试

从图 3.7 中可以看到，火源设置在墙角，点火后，第一测试阶段火源功率为 100 kW，火焰高度达到试验房间顶部，火源所在墙角两侧的新型阻燃软包制品试样均受到火焰冲击；试验 5 min 时，火源附近两侧的新型阻燃软包制品面料均已出现损毁现象，暴露出防护层，此时防护层保持完整，无破损，也无燃烧现象；试验 10 min 时，试样面料的损毁面积略有增加，防护层仍然完整，也无燃烧现象；第 11 min 进入第二测试阶段，火源功率增加到 300 kW，火焰明显增大，火焰冲击到试验房间顶部，并向两侧扩散，防护层仍然完整，也无燃烧现象；试验 15 min 时，火焰两侧试样面料的损毁面积明显扩大，特别是靠近试验房间顶部试样面料的损毁范围更大，防护层仍然完整，也无燃烧现象；试验 20 min 时，火焰两侧试样面料的损毁面积进一步扩大，防护层仍然完整，也无燃烧现象；火源关闭后，新型阻燃软包制品没有燃烧现象，测试结束。

可以看到，在按照 ISO 9705-1:2016 标准进行的整个测试过程中，新型阻燃软包制品的面料在火焰的冲击和热辐射作用下，发生了明显的大面积损毁，但没有出现明火燃烧现象；新型阻燃软包制品的防护层一直保持完好，没有破损，也没有出现明火燃烧；在火源关闭后，新型阻燃软包制品自身没有明火燃烧；在整个测试过程中，新型阻燃软包制品没有发生轰燃。

新型阻燃软包制品的 ISO 9705-1 测试结果见表 3.6。

表 3.6 新型阻燃软包制品的 ISO 9705-1 测试数据

测试项目	测试结果
热释放速率峰值/kW	167.5
达到最大热释放速率时间/s	744
总热释放量/MJ	88.7
最大产烟速率/(m^2/s)	7.4
达到最大产烟速率时间/s	744
总产烟量/m^2	2 224.8
是否发生轰燃及轰燃时间	否

从新型阻燃软包制品的 ISO 9705-1 测试结果可以看到：新型阻燃软包制

品的热释放速率峰值为 167.5 kW，最大产烟速率为 7.4 m^2/s；达到最大热释放速率和达到最大产烟速率的时间相同，均出现在试验的第 13 min，具体时间为 744 s；试验过程的总热释放量为 88.7 MJ，总产烟量为 2 224.8 m^2；试验过程中，新型阻燃软包制品没有发生轰燃。

3.4 本章小结

本章首先对软包制品的材料组成、结构形式和安装方式进行了分析，根据其材料及结构特征，通过阻燃填充材料、阻燃面料和填充材料分隔防护等三个方面的研究，研制了新型阻燃软包制品，并将制备的新型阻燃软包制品成品送往第三方检测机构——国家防火建筑材料质量监督检验中心进行了燃烧性能测试。研究得出以下结论：

（1）研发的新型阻燃软包制品的燃烧性能达到 GB 8624—2012 标准规定的难燃 B_1 级，且各项技术指标的测试结果均显著优于标准要求，产烟毒性等级达到 ZA_3 级。

（2）研发的新型阻燃软包制品在《对火反应试验 室内墙面和吊顶面制品 第 1 部分：小房间试验方法》（ISO 9705-1:2016）的试验中，热释放速率峰值为 167.5 kW，没有发生轰燃。

第4章

新型阻燃沙发组件的研究

4.1 前　言

我国在 1995 年就实施了《建筑内部装修设计防火规范》（GB 50222—1995），并于 2017 年进行了修订。《建筑内部装修设计防火规范》明确规定："建筑内部装修设计应妥善处理装修效果和使用安全的矛盾，积极采用不燃材料和难燃材料，尽量避免采用在燃烧时产生大量浓烟或有毒气体的材料"。然而由于产品的性能，以及标准法规的相对滞后与执行等问题，目前阻燃材料在公共娱乐场所的应用与普及还远远不足。

2017 年 2 月 25 日 8 时许，江西省南昌市红谷滩新区白金汇海航酒店唱天下 KTV 发生火灾，事故造成 10 人不幸遇难，13 人受伤送往医院救治，火灾过火面积 1 500m²。当天 8 时 18 分许，当施工人员在会所大堂北部弧形楼梯中部切割南侧金属扶手时，点燃了切割点正下方堆积的废弃沙发导致火灾。重庆某公寓仅因一套沙发起火燃烧，就直接导致 3 人中毒死亡。在大多数娱乐场所重特大火灾中，沙发起火燃烧也是火势迅速扩大，并导致人员伤亡的重要因素。公共娱乐场所火灾造成的重大伤亡已引起了社会各界的高度重视和广泛关注。

沙发是一种火灾危险性很高的家具组件，不仅很容易着火，而且一旦着火，燃烧十分迅速，且烟气毒性很大，很容易致人死亡。为进一步防止事故发生，借鉴国外经验，开展沙发的阻燃技术研究，研发适合人员密集场所使用的新型阻燃沙发和组件对提升建筑物，尤其是公共娱乐场所的防火安全具有重要的现实意义。

4.2 阻燃沙发组件的研制

4.2.1 阻燃沙发组件的设计

沙发是 Sofa 的英译词，它起源于 17 世纪中期，一开始是在座椅的座面和靠背上蒙上舒适的软质材料或面料而成，因此沙发是由椅子逐渐改良和演整而来的。狭义的沙发是指一种装有弹簧软垫的低座靠椅。广义来说，凡是装有软垫或柔软舒适表面的坐、卧用具，均可冠之以"沙发"二字，如沙发凳、沙发椅、沙发床等。与座椅不同的是，沙发的高度更低，靠背和坐垫更加宽大，坐在上面更加舒适。座面和靠背也配以软质材料使人们坐卧时在视觉和感知上都更加舒适、柔软。这一类家具为了与其他家具相区别，又统称为软家具。沙发在公共娱乐场所得到了大量的应用。模块化组合的沙发组件设计尤其适合于公共场所，既便于生产制造，又提高了沙发的实用性及适用性，引入功能模块化设计对阻燃沙发的生产制造和推广应用具有重要的意义。

1. 组件模块化设计

阻燃沙发设计更加注重标准化、模块化、个性化与柔性化制造相结合，应用标准模块，通过不同的组合方式与不同的色彩，可营造多样性与柔性化的场景，满足人们的个性化需求。

模块化家具由于具有标准的接口和模数化的设计，因而常常会出现造型规整的特点，处理不当就会像积木块一样呆板僵硬，这样就失去了美观和舒适性，也没有了亲切感。设计沙发模块化组件应该扬长避短，既要找出各部分利于开发创新的点，又要跳出原有功能形式的局限性，避免上述各种不足。另外，任何产品的设计都要适应人们的生活形式，因此生活形式的变迁也应该在设计中得到呼应，从而促进产品开发。阻燃沙发的模块化组件设计需兼顾上述需求，并能适应多样化的组合。我们研发的阻燃沙发模块化组件主要由靠包、转角靠包、转角坐包和座包四个主要组件组成，具体设计尺寸如图 4.1 所示。

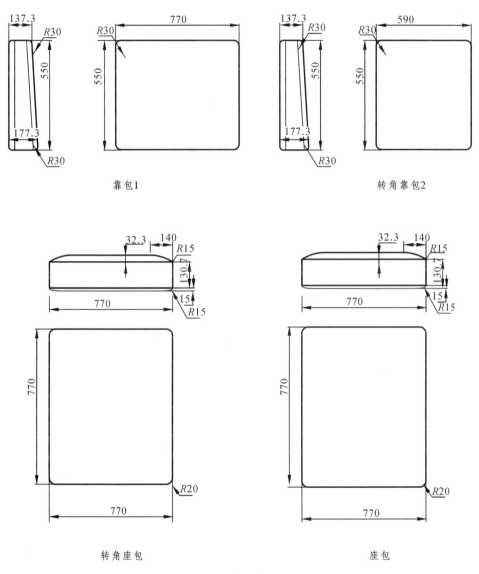

图 4.1 模块组件设计图

2. 沙发模块化设计

现代风格的沙发最大的特点是线条多变而不失简约。直线形的设计及与弧线的搭配都符合现代人的审美观和不受约束的思维方式。开放式的设计也与传统风格截然不同，更容易实现模块化设计和规模化生产，图 4.2 所示为利用组件设计图设计的模块化组合阻燃沙发。

图 4.2   模块化组合阻燃沙发设计图

4.2.2   阻燃沙发组件的研制

沙发主要由结构支撑框架、填充物、表面材料三大部分构成。框架是沙发的主体结构，具有支撑作用，需要满足造型和强度的要求，沙发结构的合理性决定了沙发是否符合人体工程学，另一方面框架的形式也在一定程度上表现为沙发的造型。框架材料通常为木材、钢材、人造板、中纤板等。填充材料决定着沙发的舒适度。传统沙发填充料是棕丝、弹簧，现代沙发常用的填充料有发泡塑料、高回弹高密度海绵、合成材料等。框架和填充材料均属于结构材料，而表面材料直接作用于人的视觉和感知，对沙发的造型发挥着重要的作用。本章主要针对沙发三大组成部分的阻燃处理进行论述。

1. 表面材料

近几年，织物柔和舒适的质感，丰富的图案和色彩，或粗狂或细腻的风格，赋予了沙发多变的表情，因而布艺沙发越来越受到消费者的青睐，在市场上的占有率很高。沙发用织物主要包括天然织物、人造织物以及混纺织物。天然织物的主要原料有棉、麻、毛、蚕丝等。人造织物是利用高分子化合物为原料制作而成的纺织品，通常它分为人工纤维与合成纤维两大类。混纺面料，是将天然纤维与化学纤维按照一定的比例，混合纺织而成的织物。目前，市场上常见的布艺沙发面料基本上都是各种成分混合纺织在一起的，本章选择的是阻燃纤维混纺而成的织物面料，阻燃级别按照 GB 8624 标准测试达到 B_1 级别，如图 4.3 所示。

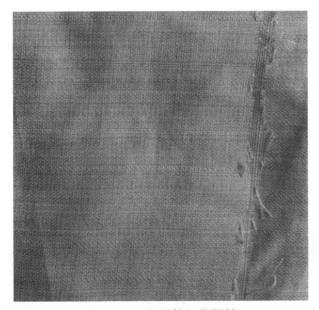

图 4.3　B_1 级混纺织物面料

2. 结构支撑框架

木材质轻坚韧，并富有弹性，具有天然的色泽和美丽的花纹，在一定的温度下和相对湿度下，对空气中的湿气具有吸收和放出的平衡调节作用。在热压作用下可以弯曲成型，具有很强的可塑性，可加工和涂饰，对涂料的附着力强，易于上色和涂饰，对电和热具有良好的绝缘性。中式现代沙发则是在框架和扶手处使用木质结构，尤其是框架基本都是木材所制作的。采取抽真空高压浸渍方式对阻燃沙发所需木材进行阻燃处理，可以使木材的阻燃性能达到阻燃 B_1 级，阻燃液主要成分为聚磷酸铵阻燃剂。

3. 填充物

沙发的核心是软垫，其填充物已由最初的弹簧发展成具有弹性的植物纤维、动物毛发、泡沫弹性体等材料，或用弹簧与弹性填充物配合使用复合制成。

现代沙发中占主要体积的软质聚氨酯泡沫属于高分子聚合物，由于密度小、表面积较大、绝热性好，其燃烧问题尤为突出，其本身氧指数仅为 18% ~ 19%，故极易着火燃烧。而且在燃烧的时候，聚氨酯泡沫还会产生大量的有毒气体和烟尘，对人员生命、健康和环境都有极坏的影响，而火灾中因窒息和烟气中毒造成的人员伤亡可占火灾总伤亡人数的 50% ~ 80%。沙发中的高回弹软质聚氨酯泡沫的阻燃技术是本章重点研究的内容，目标是使其燃烧性能达到 B_1 级，图 4.4 所示为实验室研制的阻燃聚氨酯泡沫小样，表 4.1 为实验室研究的阻燃剂和添加剂对软质聚氨酯泡沫发泡性能和阻燃效果影响的部分数据。

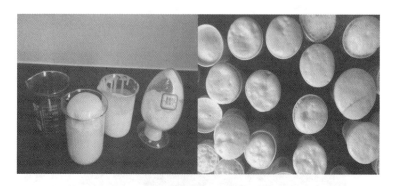

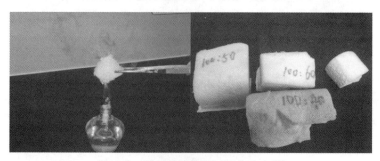

图 4.4　阻燃聚氨酯泡沫试验小样

表 4.1 阻燃剂和添加剂对软质聚氨酯泡沫的影响

试验号	阻燃剂	添加剂	泡沫的性能	
			发泡情况	阻燃效果
20	10%	5%	好	不太好
30	10%	8%	较好	较好
35	10%	12%	不太好	较好
45	5%	9%	好	不好
50	8%	9%	好	较好
55	15%	9%	好	好

综合考虑性能及经济性价比，选择了试验号为 50 的实验室基础配方，制得阻燃软质聚氨酯泡沫，具体配方见表 4.2，其中阻燃剂主要是由聚磷酸铵、三聚氰胺和三（β-氯乙基）磷酸酯进行复配制得。

表 4.2 阻燃软质聚氨酯泡沫的基础配方

原料		用量/份
A 组分	聚醚多元醇	40～60
	聚合物多元醇	60～40
	泡沫稳定剂	0.6～1.0
	水	3～5
	交联剂	1～2
	开孔剂	5～10
	催化剂	0.5～1.0
	阻燃剂	5～30
B 组分	TDI/PMDI 掺混物	异氰酸酯指数为 0.9～1.0

将该实验室配方用模塑发泡工艺进行中试生产，即是由计量泵将各种液态物料按配方比例，通过混合机头混合均匀后定量注入模具内，在模具内进行反应发泡，熟化后取出即得到模塑泡沫制品。

模塑发泡与块状发泡工艺相比，不需要后切割加工，边皮损失少，劳动生产率高，有利于自动化生产，制造成本低，特别是批量大而结构复杂的产品尤为适合，近年来发展较快。模塑发泡工艺的生产流程如图 4.5 所示。

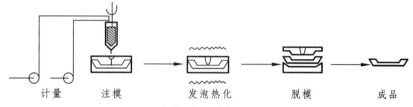

计量   注模   发泡热化   脱模   成品

图 4.5   聚氨酯泡沫模塑发泡流程

阻燃沙发用泡沫的一步法发泡，需要制作用于成型的模具。在研究过程中，为了形成一套完整的阻燃沙发组件体系，按照组件模块化设计的要求，设计制作了 4 个中空铸铝模具，分别为阻燃沙发组件的靠包、转角靠包、转角坐包和座包，并建立了泡沫中试生产线。在聚氨酯低压发泡机的发泡组分 A 容器中按配方装入一定量的聚醚多元醇、聚合物多元醇及催化剂、发泡剂、泡沫稳定剂、交联剂、阻燃剂等助剂，并搅拌均匀控制其温度在 20 ~ 25 ℃；在聚氨酯低压发泡机的发泡组分 B 容器中按配方装入一定量的异氰酸酯，控制其温度在 20 ~ 25 ℃。生产时，一定量的 A、B 两个组分的原料按照设定的配方比例在混合机头中高速搅拌混合 5 ~ 8 s 后立即注入已预热到（50 ± 5）℃的模具中，然后快速合模，待泡沫熟化 5 ~ 6 min 后脱模，放置 48 h 即可得到成品。模塑工艺一般是间歇注模的，因而其混合机头的操作也是间歇的。为了使注入的物料在模具中分布均匀，在大型模具中，通常将物料在不同的部位分几次注模，而且在注射时必须协调一致并分布均匀，以免造成制品泡沫孔径不均匀和密度有所差异，从而影响整体性能。具体制备过程如图 4.6 ~ 图 4.8 所示。

图 4.6   阻燃聚氨酯泡沫中试生产线

图 4.7　阻燃聚氨酯泡沫生产过程

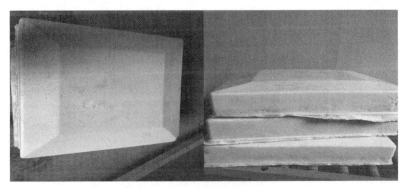

图 4.8　阻燃聚氨酯泡沫成品

聚氨酯材料与许多材料都有较好的黏结性，因此在模塑成型时，需在模具表面涂抹脱模剂，以使泡沫表皮与模具之间形成一层很薄的隔离层，便于制品的脱模。脱模剂分内脱模剂和外脱模剂两种，前者加入物料中，主要用于 RIM 等快速脱模体系。在聚氨酯泡沫、聚氨酯弹性体制品生产中一般使用外脱模剂，主要成分是有机硅、石蜡、聚乙烯蜡、矿脂、脂肪酸盐等，本试验选择石蜡作为脱模剂。

将中试生产的新型阻燃沙发组件用阻燃软质聚氨酯泡沫样品送到国家防火建材质量监督检验中心，按《建筑材料及制品燃烧性能分级》（GB 8624—2012）进行燃烧性能测试，其检测结果见表 4.3。

表 4.3 新型阻燃沙发组件聚氨酯泡沫检测结果

检验项目	检验结果	技术要求
燃烧性能	B_1	B_1
热释放速率峰值/（kW/m²）	301	400
平均燃烧时间/s	10	平均燃烧时间≤30
平均燃烧高度/mm	180	平均燃烧高度≤250
底座软质聚氨酯泡沫密度/（kg/m³）	45.7	≥40
其他部位软质聚氨酯泡沫密度/（kg/m³）	45.5	≥30
泡沫回弹性/%	50	≥35

新型阻燃沙发组件用阻燃软质聚氨酯泡沫的燃烧性能达到《建筑材料及制品燃烧性能分级》（GB 8624—2012）规定的 B_1 级，平均燃烧时间 10 s，平均燃烧高度 180 mm。

4.2.3 阻燃沙发组件的组装

本章设计的适用于人员密集场所的新型阻燃沙发采用模块化设计，其座垫、靠垫是单独加工的，只需进行装配即可。适用于人员密集场所的新型阻燃沙发的组装主要分为以下几个方面。

1. 组装阻燃框架

将阻燃处理好的木材、弯曲件组合成框，并且封上底板。通过优化处理以减少框架用料和进一步提高强度。框架表面进行光整处理，去除毛刺和锐角。

2. 粘贴框架

在阻燃框架上钉松紧带—钉纱布—胶粘薄或厚海绵为扪皮工序做准备、减少扪皮工序的作业量。

3. 外套裁剪

根据配料单要求，按样板对面料进行裁剪，主要采用电剪成叠裁剪。

4. 装　配

将粘贴好的阻燃框架，加工好的内、外套，各种饰件、配件组装成沙发。在粘有海绵的框架上钉内套，然后套上外套并固定，再装上装饰件，钉底布、装脚。

图 4.9 所示为组装完成的阻燃沙发组件样品。该阻燃沙发组件样品设计造型简洁，结构坚固牢靠，可自由组合，所用布艺环保安全、无毒无味、手感柔和。

图 4.9　阻燃沙发组件样品

对不同阻燃配比的阻燃沙发组件及阻燃沙发成品进行了燃烧性能试验，具体试验如图 4.10 所示。

图 4.10　阻燃沙发实验室测试

　　通过对燃烧性能试验结果的研究分析，最终确定了一种最优化的阻燃沙发组件及制品的配比。研制的新型阻燃沙发样品，其框架采用聚磷酸铵阻燃处理的木材，面料为燃烧性能达 B_1 级的织物面料，填充泡沫也采用燃烧性能达 B_1 级的阻燃聚氨酯泡沫。

4.3　阻燃沙发组件的性能检测

　　将研制的新型阻燃沙发组件样品送到国家防火建筑材料质量监督检验中心，按照《建筑材料及制品燃烧性能分级》（GB 8624—2012）对软质家具的要求进行燃烧性能测试，其检测结果见表 4.4。

表 4.4　新型阻燃沙发组件检测结果

检验项目	检验结果	技术要求
热释放速率峰值/（kW/m^2）	47	≤200
5 min 内放出的总能量/MJ	13	≤30
最大烟密度/%	10	≤75
抗引燃特性	无有焰燃烧引燃或阴燃引燃现象	无有焰燃烧引燃或阴燃引燃现象

　　由表 4.4 可知，研制的新型阻燃沙发组件的燃烧性能达到国家标准 GB 8624—2012 规定的难燃 B_1 级，其热释放速率峰值、5 min 内放出的总能量、最大烟密度等技术指标的检测结果均显著优于标准要求，表明该阻燃沙发组件的阻燃性能非常优异。

4.4　本章小结

　　本章首先利用模块化技术设计了一种适用于人员密集场所的新型阻燃沙发组件；然后研究了阻燃沙发用木材、软质聚氨酯泡沫等材料的阻燃技术，按照模块化设计的阻燃沙发组件的规格尺寸对阻燃软质聚氨酯泡沫进行了成型加工，并开展了新型阻燃沙发组件的制备和装配，研制出新型阻燃沙发组件样品；最后通过第三方检测机构对研制的阻燃沙发组件样品的燃烧性能进行了测试。通过以上研究，新型阻燃沙发主要具有以下特点：

（1）当前沙发的发展趋势更加注重标准化、模块化设计与个性化、柔性化制造相结合，应用一些基本的标准模块，通过不同的组合方式与不同的色彩搭配，营造多样性与柔性化的场景，满足市场更加个性化的需求。

（2）研制的阻燃软质聚氨酯泡沫，按照国家标准《建筑材料及制品燃烧性能分级》（GB 8624—2012）进行检测，其平均燃烧时间 10 s，平均燃烧高度 180 mm，热释放速率峰值 301 kW/m^2，燃烧性能完全达到 B$_1$ 级的标准要求，其密度为 45.5 kg/m^3，回弹性为 50%。

（3）按照国家标准《建筑材料及制品燃烧性能分级》（GB 8624—2012）对软质家具的规定方式进行检测，研制的新型阻燃沙发组件的燃烧性能达到难燃 B$_1$ 级，其热释放速率峰值为 47 kW/m^2，5 min 内放出的总能为 13 MJ，最大烟密度为 10%，抗引燃特性为无有焰燃烧引燃或阴燃引燃现象，各项检测指标均显著优于标准要求。

第5章

耐久性环保阻燃地毯的研究

5.1 前 言

地毯是以棉、麻、毛、丝、草等天然纤维或化学合成纤维类原料，经手工或机械工艺编结、栽绒或仿制而成的铺地材料，覆盖于住宅、宾馆、体育馆、展览厅、车辆、船舶、飞机等场所地面起到降噪、隔热、装饰目的。目前，市售地毯主要由易燃纤维（如棉、羊毛、合成纤维）、织物和胶粘剂组成，比表面积大，易被点燃，且点燃后极易造成火势蔓延，成为火灾传播媒介，促使火势加速失控，而燃烧产生的有毒、有害气体也给人员逃生和救援带来困难。1982 年 6 月，天津外贸地毯厂 9 号地毯仓库因背胶地毯自燃引发火灾，烧毁库房 836 m^2，地毯 2.2×10^5 m^2，直接财产损失 270 余万元；2014 年 11 月，东莞伟成商务旅馆因地毯被点燃引发火灾，产生的大量浓烟造成 3 人死亡，1 人轻伤；2016 年 3 月，聊城地毯厂因锅炉炭火飞溅引燃地毯发生火灾。鉴于织造结构和材质区别，不同地毯产品采用的阻燃处理方法各不相同，目前地毯厂家常用的阻燃处理方法有以下 3 种：① 采用阻燃纤维编织地毯或作为地毯的绒面材料；② 通过浸-轧工艺采用阻燃液地毯表面纤维阻燃整理；③ 通过采用阻燃粘合剂复合绒面和基布或对地毯进行阻燃背涂法阻燃处理，其中综合地毯成本和纤维使用性能考虑，地毯产品多采用阻燃后整理、阻燃背涂和阻燃胶粘剂方法进行阻燃地毯制备。

5.1.1 阻燃后整理工艺提高地毯产品阻燃性能

多数化学整理都能赋予纤维素材料阻燃性能，但综合整理耐久性、产品美学、健康安全等因素考虑，适用于地毯的阻燃整理工艺配方极少，如尿素/

磷酸铵可用于织物阻燃整理,但整理后纤维强度受损、褪色、硬水洗涤后阻燃性下降,甚至使纤维素织物产生拒染性,不适用于终端地毯产品;而常用二羟甲基二羟基乙烯脲(DMDHEU)、二羟甲基脲作为交联剂有效提高纤维素纤维织物成炭性能,但该工艺具有潜在的甲醛释放威胁,添加链烷醇胺或乙二醇虽能将甲醛释放减小到最低,但鉴于能量和处理时间要求,对整理后地毯立即水洗并不实际。因此,国内外研究学者致力于开发一种安全、高效的地毯阻燃整理工艺。E.J. Blanchard 等采用 1, 2, 3, 4-丁烷四羟酸(BTCA)、柠檬酸、马来酸等多元羧酸结合 Na_2CO_3、$NaHCO_3$、磷酸盐等催化剂对棉涤割绒地毯耐久压烫整理,通过多元羧酸在部分中和羧酸盐的催化下对棉纤维酯化,提高整理后含棉地毯的燃烧炭化长度,研究中以 10% BTCA,5.99%NaH_2PO_4 处理 90/10 棉涤地毯时碳化面积为 21 mm × 27 mm,白度为 90,水洗 10 次后通过片剂测试;10%BTCA,2.3%Na_2CO_3 处理 90/10 棉涤地毯时碳化面积为 23 mm × 25 mm,白度为 117,水洗 10 次后通过片剂测试,具有较好的抑燃性,而采用成本较低的柠檬酸和马来酸酐替代 BTCA 也同样能达到效果;马顺彬等通过 DSC 和垂直燃烧测试筛选出 40/60,50/50 的竹浆/棉纤维混纺纱线比例后,采用德美化工有限公司生的 DM-07 阻燃剂结合有机硅季铵盐抗菌剂通过浸-轧工艺对簇绒地毯抗菌阻燃后整理,当阻燃剂用量 160 g/L,环保交联剂 5 g/L,烘焙温度 160 ℃,烘焙时间 90 min,轧机间距小于地毯实际厚度 10 ~ 12 mm 时,产品通过 GB 11409—2008 等阻燃性能测试。

5.1.2 阻燃背涂应用于地毯阻燃改性

阻燃背涂是在地毯背面涂覆含阻燃剂涂层提高产品阻燃性能的方法。范迎春等向天然乳胶和 PVC 的混合液添加发泡剂、硫化剂、促进剂、活性剂等物质通过机械搅拌形成泡沫液体,加入 Sb_2O_3、TiO_2、氯化石蜡作为阻燃剂,涂覆于地毯背面,经烘焙、硫化后于羊毛地毯背面获得弹性阻燃背涂,其中 Sb_2O_3、氯化石蜡能有效阻止有焰燃烧,TiO_2 起到阻阴燃剂作用;孔美光等采用聚磷酸铵/氢氧化铝复配阻燃体系改性丁苯乳胶对丙纶针刺地毯背涂阻燃处理,当乳胶 100 份,聚磷酸铵 35 份,氢氧化铝 15 份时胶体稳定性好,干、湿黏结强度优异,背涂后针刺地毯的氧指数接近 30.0%,和传统卤素系阻燃剂基本相当。

5.1.3　阻燃胶粘剂用于提高地毯的燃烧性能

目前，我国企业多以生产价格低廉、稳定性好的丙纶簇绒地毯产品为主。丙纶纤维属于易燃材料（LOI 为 17.0%～18.5%），鉴于其高结晶度、聚合物链上无极性基团的分子结构特点，共聚改性和后整理方法均不适用于丙纶纤维阻燃处理。原丝纤维的阻燃共混改性效果虽好，但增加了丙纶簇绒地毯的生产成本，因此，根据簇绒地毯结构特点，多数厂家采用在两层基布间涂覆阻燃胶粘剂方法改善其阻燃性能。何浩东等将含 H 型阻燃剂、J 型阻燃剂和 D 型阻燃剂的高效、无毒 FH-08 复合阻燃体系与羧基丁苯乳胶（XSBR）混合作为丙纶簇绒地毯胶粘剂，结合分散剂、润湿剂等助剂提高产品阻燃性能，涂胶工艺采用罗拉上胶，涂胶速度 2 m/min，涂胶量大于 2 kg/m²，烘干温度 130～150 ℃，烘干时间 6～10 min，涂覆后 FH-08 与胶粘剂相容性好，背衬剥离强度满足 GB/T 11746—2008 要求（规定纵向、横向背衬剥离强力均不小于 25 N），簇绒地毯 LOI 大于 27.0%，燃烧性能优异；尼龙簇绒地毯比丙纶簇绒地毯更具耐燃性，但为达到更高的燃烧性能，也常用阻燃胶粘剂提高尼龙簇绒地毯燃烧性能。邓永航等使用含 H 型阻燃剂、D 型阻燃剂和 H 型阻燃剂的环保阻燃体系改性的羧基丁苯乳胶制备尼龙簇绒地毯，当 XSBR 为 100 份，H 型阻燃剂 4 份，J 型阻燃剂 30 份，D 型阻燃剂 30 份，混合重质碳酸钙 300 份，ASE-60 增稠剂 1 份时，辐射通量不小于 0.45 W/cm²，烟密度不大于 450%，达 GB/T 11785 和 ASTM E648-03 的 B₁ 级，且综合性能好，成本低。

本章以 PP 绒料的簇绒地毯为研究对象，通过对第一层基布与二层基布之间的胶粘剂实施阻燃改性，制备耐久性环保阻燃地毯产品。

5.2　试验部分

5.2.1　原　料

簇绒坯毯：大连加美地毯有限公司产品。

纱罗网格布：大连加美地毯有限公司。

羧基丁苯胶乳（CBR）、增强粉、发泡粉、增稠剂、阻燃体系 A、B、C 均为市售商品。

5.2.2 试样制备

按照配比，分别称取羧基丁苯胶乳、增强粉、发泡粉、阻燃剂、水于烧杯中，用电动搅拌器搅拌至均匀，并以 250 g/m² 羧基丁苯胶乳的涂覆比例，将混合的羧基丁苯胶乳涂覆于簇绒坯毯背面，并附上纱罗网格布，利用羧基丁苯胶乳的黏结性，将纱罗网格布固定在簇绒坯毯的背面，得到测试的样品。

5.2.3 性能表征

极限氧指数测试（LOI）：按照 GB/T 5454—1997 标准，采用 HC-2 型氧指数测试仪对试样进行氧指数的测试，试样尺寸为 150 mm × 58 mm。

微型燃烧量热（MCC）测试：采用 FAA 型微型燃烧量热仪（英国燃烧测试技术公司）测定固化的羧基丁苯胶乳样品的热释放情况。取 4 ～ 5 mg 样品，在氮气氛围中以 1 °C/s 的升温速率从 80 °C 升温到 750 °C，氮气流量为 80 mL/min，使其在裂解炉中完全裂解，并将所得裂解产物气体与流量为 20 mL/min 的纯氧气混合后，送至 900 °C 的燃烧炉中燃烧，根据耗氧变化，记录其热释放情况。

热重分析（TG）：采用美国 TA 公司 SDT Q600 型热失重分析仪（TGA）测试样品在程序升温下的热失重行为，测试温度范围：40 ～ 800 °C，升温速率：10 °C/min，氮气气体流速：100 mL/min，样品质量：8 ～ 10 mg。

燃烧性能测试：送样至国家防火建筑材料质量监督检验中心，按照《建筑材料及制品燃烧性能分级》（GB 8624—2012）中燃烧性能 B₁ 级铺地材料要求进行测试，获得样品燃烧的焰尖高度、临界辐射通量、产烟量、产烟毒性等参数，并据此划分样品燃烧等级。

环保性能测试：送样至英格尔检测技术服务（上海）有限公司，按照国家标准《室内装饰装修材料 地毯、地毯衬垫及地毯胶粘剂 有害物质释放限量》（GB 18587—2001）对地毯样品的有害物质释放量进行检测。

5.3　结果与讨论

5.3.1　阻燃体系 A 对簇绒地毯燃烧性能的影响

使用阻燃体系 A 对羧基丁苯胶乳进行阻燃处理,制备阻燃体系 A 含量为 35 ~ 65 wt%的阻燃羧基丁苯胶乳,其中阻燃羧基丁苯胶乳的基本配方见表 5.1,后将其均匀地涂刷在簇绒坯毯背面,并附上纱罗网格布,干燥后,得到相应的阻燃簇绒地毯(阻燃簇绒地毯样品编号 A-0 对应相应使用的阻燃羧基丁苯胶乳的编号 LA-0)。对干燥后的各阻燃簇绒地毯进行剪裁,得到燃烧性能测试的样品,未阻燃处理丁苯胶制备簇绒地毯样品和阻燃体系 A 处理丁苯胶制备簇绒地毯样品如图 5.1 所示。由图可知,随着丁苯胶中阻燃体系 A 含量增加,改性丁苯胶粘度增加,涂刷难度增加,涂刷网格布的厚度随之增加,更易开裂、脱落。

表 5.1　阻燃体系 A 阻燃羧基丁苯胶乳的基本配方

编号	CBR	阻燃体系 A
LA-0	100	0
LA-1	65	35
LA-2	60	40
LA-3	55	45
LA-4	50	50
LA-5	45	55
LA-6	40	60
LA-7	35	65

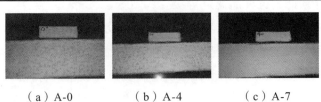

（a）A-0　　　　（b）A-4　　　　（c）A-7

图 5.1　未阻燃和阻燃体系 A 处理后阻燃簇绒地毯

研究为筛选出适于簇绒地毯的阻燃体系 A 处理丁苯胶的最佳阻燃配方,保证阻燃簇绒地毯在大型燃烧测试中获得最佳抗燃效果,采用了氧指数测试对阻燃小样进行表征和比较。氧指数测试是一种常见且常用的材料燃烧性能测试表征手段,能够体现材料在实验室条件下的燃烧特性,并对材料在大型燃烧工况下的表现具有一定指针作用,进而达到评价材料火灾危险性目的。氧指数是指在所规定试验条件下材料在 O_2、N_2 混合气体中刚好维持发焰燃烧时的最小氧浓度,以体积百分率表示,氧指数越大表明材料的阻燃性能越好。图 5.2 所示为涂刷含阻燃体系 A 35 ~ 65 wt%羧基丁苯胶乳的簇绒地毯样品的氧指数测试数据。如图所示,未经阻燃处理的簇绒地毯属于易燃材料,A-0 的氧指数仅为 20.0%,而随阻燃体系 A 加入将有效降低簇绒地毯的燃烧性,当丁苯胶中阻燃体系 A 添加量为 35 wt%时,簇绒地毯的 LOI 值增至 22.0%,随着阻燃体系含量的增加,LOI 值也逐渐增加,当阻燃体系 A 添加量为 55 wt%时,簇绒地毯 LOI 值达最大,为 25.0%,之后进一步增大阻燃体系含量,簇绒地毯的 LOI 值反而降低,由此可知,对于簇绒地毯产品而言,采用阻燃体系 A 阻燃丁苯胶的最佳添加量为 55 wt%。

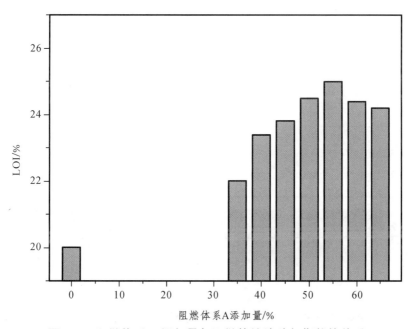

图 5.2　阻燃体系 A 添加量与阻燃簇绒地毯氧指数的关系

5.3.2　阻燃体系 B 对簇绒地毯燃烧性能的影响

使用阻燃体系 B 对羧基丁苯胶乳进行阻燃处理，制备阻燃体系 B 含量为 35～65 wt%的阻燃羧基丁苯胶乳，以上述同样（阻燃体系 A）的方式制备阻燃簇绒地毯，阻燃体系 B 阻燃羧基丁苯胶乳的基本配方见表 5.2，得到相应的阻燃簇绒地毯（阻燃簇绒地毯样品编号 B-0 对应相应使用的阻燃羧基丁苯胶乳的编号 LB-0），未阻燃处理丁苯胶制备簇绒地毯样品和阻燃体系 B 处理丁苯胶制备簇绒地毯样品如图 5.3 所示。由图可知，随着丁苯胶中阻燃体系 B 含量增加，簇绒坯毯背面涂刷丁苯胶厚度增加，胶体涂刷难度增大。当阻燃体系 B 用量为 65%时，丁苯胶厚度大，且出现部分区域胶体厚度大，另一部分区域附着量少的涂抹不均问题，这可能是由于阻燃体系 B 目数较小，颗粒较大，加入胶体后导致黏度上升，因此鉴于簇绒地毯加工工艺，阻燃体系 B 在丁苯胶中的添加量应控制在一定范围。

表 5.2　阻燃体系 B 阻燃羧基丁苯胶乳的基本配方

编号	CBR	阻燃体系 B
LB-0	100	0
LB-1	65	35
LB-2	60	40
LB-3	55	45
LB-4	50	50
LB-5	45	55
LB-6	40	60
LB-7	35	65

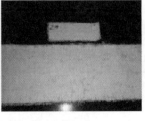

（a）B-0　　　　　　（b）B-4　　　　　　（c）B-7

图 5.3　未阻燃和阻燃体系 B 处理后阻燃簇绒地毯照片

　　图 5.4 所示为涂刷含 35～65 *wt*%阻燃体系 B 羧基丁苯胶乳的簇绒地毯样品的氧指数测试数据。由数据可知，加入阻燃体系 B 后，簇绒地毯样品的氧指数明显提高，随阻燃体系 B 含量的增加而增大，当阻燃体系 B 的含量增加至 60 *wt*%时，簇绒地毯样品的氧指数最高，可达 27.8%，但随着阻燃体系含量进一步增加，含量增至 65 *wt*%时，氧指数反而略微下降至 26.0%以下，结合图 5.3（c）推断，这可能是由于含阻燃体系 B 的丁苯胶在簇绒坯毯背面涂刷不均导致，故由上述实验可知，对于簇绒地毯产品而言，采用阻燃体系 B 阻燃丁苯胶的最佳添加量为 60 *wt*%。

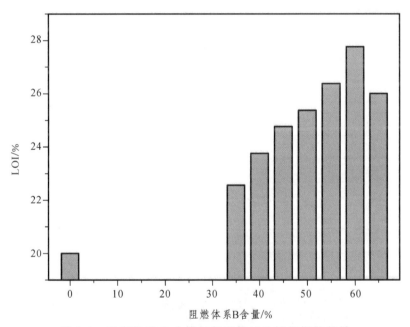

图 5.4　阻燃体系 B 含量与阻燃簇绒地毯氧指数关系

5.3.3　阻燃体系 C 对簇绒地毯燃烧性能的影响

　　使用阻燃体系 C 对羧基丁苯胶乳进行阻燃处理，制备阻燃体系 C 含量为 35～65 *wt*%的阻燃羧基丁苯胶乳，以同样（阻燃体系 A）的方式制备阻燃簇绒地毯。阻燃体系 C 阻燃羧基丁苯胶乳的基本配方见表 5.3，得到相应的阻燃簇绒地毯（阻燃簇绒地毯样品编号 C-0 对应相应使用的阻燃羧基丁苯胶乳的编号 LC-0），未阻燃处理丁苯胶制备簇绒地毯样品和阻燃体系 C 处理丁苯

胶制备簇绒地毯样品如图 5.5 所示。由图可知，随着丁苯胶中阻燃体系 C 含
量的增加，簇绒坯毯背面涂刷丁苯胶厚度增加，同时当阻燃体系含量进一步
增加，阻燃体系 C 含量为 65 *wt*%时，出现了阻燃丁苯胶涂刷难度增大、簇绒
坯毯背面胶体不均匀的问题。上述研究表明，三种阻燃体系 A、B 和 C 改性
丁苯胶时都出现此类问题。由此可知，颗粒型阻燃体系处理丁苯胶时，其添
加量不可仅考虑阻燃性能，即阻燃体系含量越多，簇绒地毯阻燃性能越佳，
还应综合考量颗粒型添加剂对胶体加工性能的影响。当高添加量阻燃体系导
致丁苯胶体涂刷过厚、不均甚至在后期加工、使用中出现胶体脱落现象时，
反而制约改性材料阻燃性能的改善。故筛选簇绒地毯丁苯胶中阻燃体系含量
的关键在于，综合考虑其阻燃性能和加工性能。

表 5.3　阻燃体系 C 阻燃羧基丁苯胶乳基本配方

编号	CBR	阻燃体系 C
LC-0	100	0
LC-1	65	35
LC-2	60	40
LC-3	55	45
LC-4	50	50
LC-5	45	55
LC-6	40	60
LC-7	35	65

（a）C-0　　　　（b）C-4　　　　（c）C-7

图 5.5　未阻燃和阻燃体系 C 处理后阻燃簇绒地毯照片

图 5.6 所示为涂刷含 35-65 *wt*%阻燃体系 C 的羧基丁苯胶乳制备簇绒地毯
样品的氧指数测试数据。由图可知，阻燃体系 C 能有效提高使簇绒地毯样品
的燃烧氧指数，当阻燃体系 C 的含量增加至 55 *wt*%时，簇绒地毯样品的 LOI
值最高，达到 24.4%，而之后随阻燃体系 C 含量增加，处理后簇绒地毯 LOI

值反而降低，这可能也是由于阻燃改性丁苯胶体在簇绒坯毯背面涂刷不均导致。而 65 *wt*%的阻燃性能略高于 60 *wt*%，则可能是由于更高的阻燃体系含量部分弥补了阻燃胶体涂刷不均产生的性能降低。故由上述试验可知，对于簇绒地毯产品而言，采用阻燃体系 C 阻燃丁苯胶的最佳添加量为 55 *wt*%。

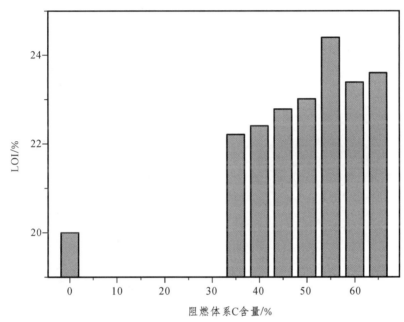

图 5.6　阻燃体系 C 含量与阻燃簇绒地毯氧指数的关系

由上述试验数据，本研究分别筛选出阻燃体系 A 添加量为 55 *wt*%，阻燃体系 B 添加量 60 *wt*%和阻燃体系 C 添加量 55 *wt*%改性丁苯胶制备的簇绒地毯 A-5、B-6、C-5 进行下一步阻燃簇绒地毯大样燃烧性能测试。

5.3.4　改性簇绒地毯大样的燃烧性能测试

本研究分别将 A-0、A-5、B-6 和 C-5 制备尺寸 1 050 mm×230 mm×10 mm 样品 6 块，尺寸 250 mm×90 mm×10 mm 样品 6 块，按照《建筑材料及制品燃烧性能分级》（GB 8624—2012）中燃烧性能 B_1 级铺地材料要求进行测试，获得样品燃烧的焰尖高度、临界辐射通量、产烟量、产烟毒性等数据，并据此划分样品燃烧等级。以 B-6 为例，簇绒地毯测试样品及燃烧测试如图 5.7 所示，燃烧性能测试相关数据见表 5.4。由图可知，阻燃改性丁苯胶制备的簇绒地毯在燃烧过程中碳化严重，成炭性能优异，表 5.4 中数据显示，相较于 A-5 和 C-5，测试过程中 B-6 的焰尖高度更低，且 B-6 的临界辐射通量最大（10.6），产烟量最低（0），因此相较于其他样品而言，B-6 的阻燃性能最佳，置于火场中的火灾危险性更低。A-5 和 C-5 的燃烧性能分级为 B₁-C 级别，而 B-6 可达更高的 B₁-B 级别，由此可知，阻燃体系 B 改性丁苯胶制备的簇绒地毯 B-6 具有优异的阻燃效果。

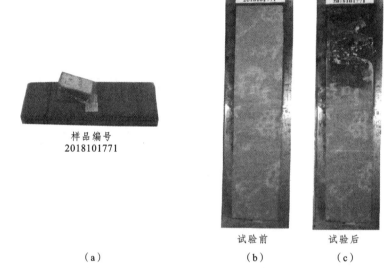

样品编号
2018101771

(a)   (b)   (c)

试验前   试验后

图 5.7   簇绒地毯测试样品（B-6）及其燃烧测试前后的照片

表 5.4   改性簇绒地毯燃烧性能测试数据

编号	焰尖高度（F_s）/mm	临界辐射通量（CHF）	产烟量/%	产烟毒性	燃烧等级
A-0	70	6.3	21	ZA_3	B_1-C
A-5	70	6.2	14	ZA_3	B_1-C
B-6	40	10.6	0	ZA_3	B_1-B
C-5	70	6.3	28	ZA_3	B_1-C

5.3.5   阻燃簇绒地毯用阻燃丁苯胶的作用机理

为探讨 B-6 阻燃簇绒地毯燃烧性能优于 A-5 和 C-5 的机理，本研究对 A-5、

B-6 和 C-5 的热性能和热释放速率进行测试和分析。由于簇绒地毯样品大，难以进行微量测试操作，故研究仅对未阻燃羧基丁苯胶乳 L-0 和簇绒地毯 A-5、B-6、C-5 所用的阻燃羧基丁苯胶乳 LA-5、LB-6 和 LC-5 进行热重分析，通过在氮气氛围下的热失重测试，获得羧基丁苯胶乳在不同温度下的热降解状况，分析阻燃体系对胶乳热降解历程的影响。由图 5.8 和表 5.5 可知，未添加阻燃体系的丁苯胶初始分解温度较高（约 341.5 °C），400~450 °C 材料快速失重，高温下残碳量低。当添加阻燃体系后，改性丁苯胶失重的温度区间变宽，失重过程减缓，且高温下残碳量大幅提高（约 55%以上），由此说明阻燃体系具有显著抑制材料高温下热解行为作用。而随阻燃体系不同，改性丁苯胶的热降解历程明区别较大，阻燃体系 B 改性丁苯胶的初始分解温度大幅降低，为 257.4 °C，而阻燃体系 A 和 C 改性后材料的初始分解温度提高至 360 °C，这可能是由于阻燃体系 B 在较低温度下提前分解起到保护基材目的。同时，在阻燃丁苯胶中，阻燃体系 B 改性丁苯胶的残碳量更低，由此可初步推测，相较于阻燃体系 A 和 C 而言，阻燃体系 B 侧重于气相阻燃机理。由图 5.9 和表 5.6 可知，加入阻燃体系后丁苯胶燃烧中的最大热释放速率

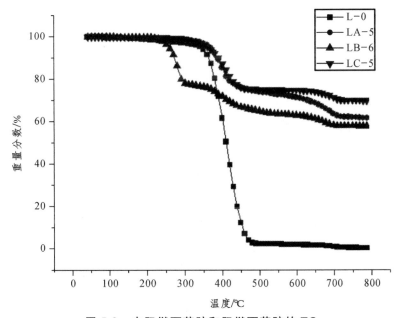

图 5.8　未阻燃丁苯胶和阻燃丁苯胶的 TG

（PHRR）和总热释放速率（THR）明显降低，说明阻燃体系加入后有效抑制了燃烧热释放，其中阻燃体系 B 改性后丁苯胶的 THR 和 PHRR 最低，说明 LB-6 地毯在燃烧过程中对火灾热贡献最小。

表 5.5　未阻燃丁苯胶和阻燃丁苯胶的热失重过程数据

编号	T_{on}/（℃）	T_{max}/（℃）	残碳量/（$wt\%$）
L-0	341.5	408.7	0
LA-5	367.1	403.0	61.3
LB-6	257.4	284.6	57.7
LC-5	361.3	419.9	69.7

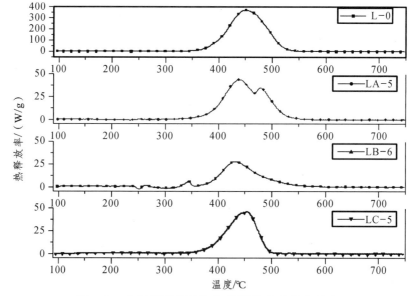

图 5.9　未阻燃丁苯胶和阻燃丁苯胶的热释放率

表 5.6　未阻燃丁苯胶和阻燃丁苯胶的燃烧性能测试数据

编号	PHRR/（W/g）	T_p/℃	THR/（kJ/g）	HRC/[J/(g·K)]
L-0	369.98	450.4	31.2	363
LA-5	44.03	441.1	4.0	43
LB-6	27.51	433.4	2.2	27
LC-5	46.43	456.2	3.4	46

5.3.6 水洗 51 次簇绒地毯的燃烧性能测试

对阻燃性能优异的 B-6 簇绒地毯耐水洗 51 次后进行了燃烧性能测试,由于目前国外尚无发布官方的簇绒地毯水洗程序标准,而国内相关行业标准尚在草拟过程中,故水洗程序根据山东加美地毯有限公司的企业标准执行。水洗过程中,使用簇绒地毯清洁专用设备 LC-5012(见图 5.10),采用中性洗涤剂(牌号为 JB110),配置洗涤液为 1 L 温水加入 5 mL 洗涤剂,水温为 35 ~ 40 °C,清洗程序为前 45 次使用的是加入洗涤剂的温水,后 6 次为未加洗涤剂的温水。洗涤过程及洗涤 51 次后地毯背面如图 5.11 所示。清洗时由于最后清水漂洗用水量较大,清洗后地毯含水量也相应较大,出现了地毯边缘处脱衬现象。将清洗后地毯行烘干处理,烘干后的地毯与未水洗的地毯样品相比,背涂的阻燃涂层量减少,并且依然具有一定的黏结力。截取一定尺寸的簇绒地毯样品 XDB-6,并与此块簇绒地毯未水洗测试前截取部分地毯样品 WXDB-6 进行燃烧性能测试,其燃烧性能数据见表 5.7。由表可知,51 次洗涤前后簇绒地毯燃烧性能数据中仅临界辐射通量一项有所下降,其他数据如焰尖高度、产烟量等均未变化,由此可知由阻燃体系 B 阻燃改性处理的丁苯胶制备的簇绒地毯不仅具有优异的阻燃性能,且在洗涤 51 次后其燃烧性能仍能达到难燃 B_1-B 级别,为耐水洗阻燃簇绒地毯产品。

(a) (b) (c)

图 5.10 簇绒地毯清洁专用设备及地毯除渍剂

图 5.11   阻燃簇绒地毯 B-6 洗涤过程及 51 次洗涤后地毯背面照片

表 5.7   B-6 簇绒地毯洗涤 51 次前后燃烧性能测试数据

	焰尖高度（F_s）/mm	临界辐射通量（CHF）	产烟量/%	产烟毒性	燃烧等级
WXDB-6	40	10.6	0	ZA_3	B_1-B
XDB-6	40	10.5	0	ZA_3	B_1-B

5.3.7   耐久性阻燃地毯的环保性能测试

将研制的耐久性阻燃地毯样品送样至英格尔检测技术服务（上海）有限公司，按照国家标准《室内装饰装修材料 地毯、地毯衬垫及地毯胶粘剂 有害物质释放限量》（GB 18587—2001）对其环保性能进行了检测，测试结果表明耐久性阻燃地毯的环保性能达到 GB 18587—2001 规定的 A 级，具体测试数据见表 5.8。

表 5.8   耐久性阻燃地毯的环保性能测试数据

检测项目	检测结果	限值
总挥发性有机物（TVOC）/[mg/（m^2·h）]	0.042	≤0.500
甲醛/[mg/（m^2·h）]	0.009	≤0.050
苯乙烯/[mg/（m^2·h）]	未检出	≤0.400
4-苯基环己烯/[mg/（m^2·h）]	未检出	≤0.050

5.4 本章小结

本章以 PP 绒料的簇绒地毯为研究对象，通过对第一层基布与二层基布之间的胶粘剂实施阻燃改性，研制了耐久性环保阻燃地毯产品，并对其燃烧性能、环保性能进行了测试。具体结论如下：

（1）采用阻燃体系 A、B 和 C 对 PP 绒料簇绒坯毯与纱罗网格布间的丁苯胶阻燃改性，制备耐久性环保阻燃地毯产品，利用了氧指数测试表征和比较簇绒地毯小样阻燃性能，筛选出最佳的阻燃丁苯胶配方制备阻燃簇绒地毯大样进行燃烧性能测试,研究表明当 60 wt%阻燃体系 B 改性丁苯胶制备的簇绒地毯 B-6 具有优异的阻燃效果，燃烧测试中达 B_1-B 级别，具有优异的阻燃性能。

（2）采用颗粒型阻燃体系改性丁苯胶制备阻燃簇绒地毯时，其添加量不可仅考虑阻燃性能，还应综合考量颗粒型添加剂对胶体加工性能的影响，故筛选簇绒地毯丁苯胶中阻燃体系含量的关键在于，综合考虑其阻燃性能和加工性能。

（3）阻燃体系 B 在改性丁苯胶中在较低温度下提前分解起到保护基材目的，并使得改性材料获得较高的高温热稳定性，同时阻燃体系 B 改性后丁苯胶的 THR 和 PHRR 最低，说明 LB-6 地毯在燃烧过程中对火灾热贡献最小。

（4）B 阻燃改性处理的丁苯胶制备的簇绒地毯不仅具有优异的阻燃性能，且在洗涤 51 次后其燃烧性能仍能达到难燃 B_1-B 级别，为耐水洗阻燃簇绒地毯产品。

（5）经英格尔检测技术服务（上海）有限公司检测，耐久性环保阻燃地毯的环保性能达到国家标准《室内装饰装修材料 地毯、地毯衬垫及地毯胶粘剂 有害物质释放限量》（GB 18587—2001）规定的 A 级。

第6章

耐久性阻燃幕布的研究

6.1 前 言

随着我国经济和社会的迅速发展，人们对文化消费的需求不断提高，近年来国内影剧院、歌舞娱乐场所的数量和规模迅速攀升。在影剧院及歌舞娱乐场所中存在大量的可燃物质，如软质座椅、沙发、软包装饰材料、地毯、幕布等。

《建筑内部装修设计防火规范》（GB 50222）要求影剧院中使用的舞台幕布的燃烧性能应达 B_1 级。从材质来看，市售阻燃舞台幕布产品中涤纶、棉及涤棉混纺织物所占比重较大，不同材质的产品燃烧性能区别较大。

（1）棉质材料。目前，我国普遍使用后处理方式，即通过化学处理的方法将阻燃剂均匀地浸轧在织物上，经干燥焙烘后较牢固地吸附在纤维上或与纤维发生键合。这类技术简单易行，适应当前国内染整工艺，易于实现工业化，成本低，是当前纺织品阻燃整理的基本方法。大部分阻燃棉质幕布存在阻燃剂分布不均匀，手感较硬，耐水洗能力差，而且放置时间越长，阻燃效果退化越明显，产品续燃时间较短，阴燃时间较长。

（2）涤纶材料。燃烧时一般火焰较小、有熔滴，无续燃、阴燃，氧指数值一般较高。研究表明采用前处理工艺，即对纤维及纺线处理，合成纤维纺丝前添加或共聚阻燃物质，制成难燃纤维，能够制得阻燃效果优良且耐久性好、耐水洗的阻燃织物，是阻燃织物的重要发展方向。

在阻燃纤维的研究方面，奥地利 Lenzing 公司用磷酸类阻燃剂生产的 Viscosa FR 阻燃粘胶纤维在手感、舒适性等方面与棉类似。芬兰 Kemira 公司生产的 Visil 系列复合阻燃粘胶纤维，是一种含聚硅酸的 Visil 纤维。美国杜邦公司的 Dacro-900F 纤维、德国 Hoechst 公司的 Trevira CS 纤维、意大利 Snia

公司的 Wistel FR 纤维和日本东洋纺织株式会社 Heim 纤维等均采用共聚法制造阻燃聚酯纤维，阻燃效果持久且毒性低。美国 HoechsT Celanese 公司的 Expoilifr 系列、大湖公司的 CN-329、CN-1197 及意大利 Montedison 公司的 Spinflam MF82 等磷氮系阻燃剂产品可用于阻燃聚丙烯纤维。在织物阻燃后整理的研究方面，Chang 等合成了有机膦系阻燃剂：（2-甲基-环氧丙基）-磷酸二甲酯、[2-（甲氧基-膦酰甲基）-环氧丙基]-磷酸二甲酯，并将它们与三乙醇胺、柠檬酸以量比 2：1：1 处理到棉织物上，取得了较好的阻燃效果。Schartel 等应用 Clariant 公司聚磷酸铵类阻燃剂 ExoliT AP 及石墨对 PP/麻类纤维进行了阻燃整理。Yang 等采用含羟基的有机磷低聚物（HFPO）作为阻燃剂整理棉织物，由于 HFPO 分子中的羟基活性较高，因此可采用不同种类的交联剂使之形成交联网络，增加阻燃织物的耐水洗性。

　　针对国内外阻燃幕布研究及发展趋势，采用多种阻燃纤维混纺的方式，研制耐洗涤、燃烧时无熔滴的耐久性阻燃幕布，填补国内空白。

6.2　阻燃纤维的筛选

　　幕布产品常用的阻燃纤维性能及价格对比见表 6.1。

表 6.1　幕布产品常用的阻燃纤维性能及价格

纤维名称	纤维长度	氧指数/%	燃烧时是否有熔滴	是否耐洗涤	价格/万元
阻燃棉	短纤	26～32	无熔滴	不耐洗涤	1～2
阻燃涤纶	长纤	26～32	有熔滴	耐洗涤	2～3
阻燃腈纶	短纤	26～40	无熔滴	耐洗涤	4～6
阻燃丙纶	短纤	26～31	有熔滴	不耐洗涤	1～3
阻燃维纶	短纤	26～32	有熔滴	不耐洗涤	2～3
阻燃粘胶	短纤	26～32	无熔滴	耐洗涤	2～3
密胺	短纤	30～37	无熔滴	耐洗涤	12
聚苯硫醚	短纤	32～35	有熔融、无滴落	耐洗涤	8～10
芳纶 1313	短纤	30～32	无熔滴	耐洗涤	10～12
芳纶 1414	长纤	30～32	无熔滴	耐洗涤	20～30

根据研究目标，研制耐洗涤无熔滴阻燃幕布，除了在选择原材料时，需选用耐洗涤且不熔滴的纤维外，还需考虑纤维的长度和价格因素。长纤有利于纺纱、织造及拉毛；纤维价格越低，则阻燃幕布成品的价格就越低。

6.3　阻燃幕布加工工艺

将一种或多种阻燃纤维经混纺、织造、染色、拉毛等工艺，最终得到阻燃幕布成品，其具体加工工艺如下：

一种或多种阻燃纤维→混棉→梳棉→并条→粗纱→细纱→定型→捻线→络筒→定型→整经及卷纬→织造→染色→拉毛→成品

幕布加工图片及设备如图 6.1 ~ 图 6.7 所示。

图 6.1　捻线工序和络筒工序

图 6.2　整经工序

图 6.3 浆纱工序和织布工序

图 6.4 织布照片和高温高压溢流染色机缸

图 6.5 染厂定型机和染厂染色车间

图 6.6   染色车间脱水机和染色后出染缸情况

图 6.7   染色后在定型机定型

6.4   阻燃涤纶/阻燃腈纶混纺幕布

6.4.1   组织规格

阻燃涤纶/阻燃腈纶幕布加工过程中使用的纱线的规格参数及氧指数数据见表 6.2。

表 6.2 纱线规格参数及氧指数

纤维种类		阻燃涤纶	阻燃腈纶
纱线规格	经向	—	40 S/2
	纬向	18 S	—
氧指数/%		32	30

6.4.2 性能测试

将阻燃幕布洗涤 51 次后，按照标准《纺织品 燃烧性能试验 氧指数法》（GB/T 5454—1997）及《纺织品 燃烧性能 垂直方向 损毁长度阴燃和续燃时间的测定》（GB/T 5455—2014）测试阻燃幕布的极限氧指数和垂直燃烧性能，结果见表 6.3。

表 6.3 阻燃幕布性能

燃烧性能		阻燃涤纶/阻燃腈纶
氧指数/%		26
经向	损毁长度/mm	80
	续燃时间/s	0
	阴燃时间/s	0
纬向	损毁长度/mm	90
	续燃时间/s	0
	阴燃时间/s	0
熔融滴落物		有

从表 6.2 和表 6.3 可以发现，阻燃涤纶纱线的氧指数为 32%，阻燃腈纶纱线的氧指数为 30%，这两种纱线混纺织造后所生产的阻燃涤纶/阻燃腈纶幕布的氧指数仅为 26%，阻燃涤纶/阻燃腈纶幕布的燃烧性能大大降低。其主要原因是其燃烧过程中产生了"支架现象"，即熔融纤维的涤纶为非熔融纤维的阻燃腈纶所支撑而继续燃烧；涤纶和腈纶两种聚合物或它们的裂解产物相互

诱导，加速了裂解产物的逸出。所以阻燃涤纶/阻燃腈纶幕布的燃烧性能比纯涤纶织物和纯阻燃腈纶织物的燃烧性能大大降低。

6.5　阻燃涤纶/密胺混纺幕布

密胺纤维是德国 BASF 公司开发成功的一种新型三聚氰胺基阻燃纤维，所用原材料是三聚氰胺。密胺纤维是一种新型阻燃纤维，由三聚氰胺与甲醛缩合反应生成。

密胺纤维的性质与其制备的原料有关，表 6.4 列出了它的最重要的物理性质。

表 6.4　密胺纤维的有关物理性质

物理性质	参数
纤维直径/μm	8 ~ 20
密度/（g/cm³）	1.4
断裂比强度/（cN/dtex）	2 ~ 4
断裂伸长/%	15 ~ 25
热分解温度/°C	200
LOI（无熔点）/%	32
燃烧时是否熔滴	否
热收缩率 200 °C/1 h/%	1

密胺纤维最突出的性能在于它具有较高的极限氧指数，持续的耐高温以及在燃烧过程中不会形成熔滴。同样，由于它的化学结构，纤维不必经过防火处理，防火性能在整个使用过程中也不会恶化。其染色性能也比芳纶好。

6.5.1　组织规格

阻燃涤纶/密胺幕布加工过程中使用的纱线的规格参数及氧指数见表 6.5。

表 6.5 纱线规格参数及氧指数

纤维种类		阻燃涤纶	密胺
纱线规格	经向	40 S/2	—
	纬向	—	18 S
氧指数/%		32	30

6.5.2 性能测试

将阻燃幕布洗涤 51 次后，按照标准《纺织品 燃烧性能试验 氧指数法》
（GB/T 5454—1997）及《纺织品 燃烧性能 垂直方向 损毁长度阴燃和续燃
时间的测定》（GB/T 5455—2014）测试阻燃幕布的极限氧指数和垂直燃烧性
能，结果见表 6.6。

表 6.6 阻燃幕布性能

燃烧性能		阻燃涤纶/密胺
氧指数/%		26
经向	损毁长度/mm	>200
	续燃时间/s	>15
	阴燃时间/s	—
纬向	损毁长度/mm	>200
	续燃时间/s	>15
	阴燃时间/s	—
熔融滴落物		有

从表 6.5 和表 6.6 可以发现，阻燃涤纶纱线的氧指数为 32%，密胺纱线
的氧指数为 30%，这两种纱线混纺织造后所生产的阻燃涤纶/密胺幕布的氧指
数仅为 26%，阻燃涤纶/密胺幕布的燃烧性能大大降低。其主要原因是其燃烧
过程中产生了"支架现象"：即熔融纤维的涤纶为非熔融纤维的密胺所支撑而

继续燃烧；涤纶和蜜胺两种聚合物或它们的裂解产物相互诱导，加速了裂解产物的逸出。所以，阻燃涤纶/密胺幕布的燃烧性能比纯涤纶织物和纯密胺织物的燃烧性能大大降低。

6.6　阻燃粘胶幕布

6.6.1　原料性能

阻燃粘胶纤维的极限氧指数为 28%，其阻燃性能不亚于芳纶纤维。该纤维的物理性能和普通粘胶纤维相似，具有良好的吸湿性、透气性、芯吸性、易染色性能。该纤维具有天然的抗静电功能，易洗涤。它可以和羊毛以及高性能纤维如 Kermel、Nomex、PBI、P84、Basofil 等纤维混纺，所得制品外观手感较好，尺寸稳定，耐磨性和耐化学药品性良好。

本章采用的国产阻燃粘胶纤维的性能指标见表 6.7。

表 6.7　阻燃粘胶纤维的性能指标

项　　目	阻燃粘胶纤维
细度/dtex	1.65
长度/mm	38
强度/（cN/dtex）	1.5 ~ 1.9
伸长/%	18 ~ 25
回潮率/%	9 ~ 11
氧指数/%	28

将阻燃粘胶纤维按照 6.3 节的加工工艺，生产出阻燃粘胶幕布。

6.6.2　性能测试

将阻燃粘胶幕布洗涤 51 次后，按照标准《纺织品　燃烧性能试验　氧指数法》(GB/T 5454—1997)及《纺织品 燃烧性能 垂直方向 损毁长度阴燃和续燃时间的测定》(GB/T 5455—2014)测试阻燃幕布的极限氧指数和垂直燃烧性能,结果见表6.8。

表 6.8 阻燃幕布性能

燃烧性能		阻燃粘胶
氧指数/%		26
经向	损毁长度/mm	>200
	续燃时间/s	>15
	阴燃时间/s	—
纬向	损毁长度/mm	>200
	续燃时间/s	>15
	阴燃时间/s	—
熔融滴落物		无

从表6.7及表6.8可以看出,阻燃粘胶纱线的氧指数为28%,而阻燃粘胶幕布的氧指数降低为26%,原因是幕布加工过程中,需进行拉毛,细小绒毛之间的空气对燃烧过程有利,因此幕布的燃烧性能降低。

6.7 芳纶/阻燃粘胶混纺幕布

6.7.1 原料性能

芳纶(Nomex)纤维具有优异的耐热性能、良好的阻燃性能和耐化学品性能,具有良好的机械性能,其断裂强度高、伸长较大、手感柔软,高温下不软化、不熔融、仅碳化,燃烧时烟雾浓度低且发热量低,耐洗涤,经多次洗涤阻燃性能保持良好,有较好的尺寸稳定性。

阻燃粘胶是一种含硅酸盐的纤维素纤维。其物理机械性能与普通粘胶纤维相类似,不但吸湿、透气、易染色,而且耐酸、耐碱、耐虫蛀,与其他阻燃纤维相比，成本低，无污染，可加工成各种纺织品，并可通过自然生物降解成为有机物和无机物混合于土壤。在燃烧条件下碳化成无毒的 SiO_2。两种纤维的性能指标见表 6.9。

表 6.9　纤维性能指标

项　目	芳纶纤维	阻燃粘胶纤维
细度 /dtex	1.65	1.65
长度 /mm	51	38
强度 /（cN/dtex）	3.6	1.5 ~ 1.9
伸长 /%	30	18 ~ 25
回潮率 /%	6.5	9 ~ 11
氧指数 /%	32	30

6.7.2　织物性能

芳纶与阻燃粘胶混纺织物具有柔软的手感，良好的蓬松性、悬垂性、吸湿透气性和较高的强力、耐磨性，良好的布面光洁度、色牢度以及遇火碳化不熔滴等优良特性，可满足幕布装饰面料的质量要求。

6.7.3　纺纱过程中需解决的问题

由于芳纶纤维与阻燃粘胶纤维之间的抱合力差，成条困难，纱条蓬松且强力较低，纺纱时存在断头率高等缺陷，在纺纱过程中要着重解决以下几个问题：

（1）纺纱时要保持较高的相对湿度，以避免静电积聚。梳棉相对湿度为 60%，并条相对湿度为 55% ~ 60%，细纱相对湿度为 45% ~ 50%。

（2）开清棉工序成卷时加压罗拉需要较高压力，以防止棉卷撕裂，圈条器及喇叭口等导条装置要保持光滑流畅，以减少摩擦。梳棉工序采用低速度、中分梳、小牵伸、快转移工艺，以减轻对纤维的损伤和由于易起静电造成的缠绕现象，减少棉结、杂质与短绒。

（3）芳纶纤维长度为 51 mm，粗纱捻度在 2.357 捻/10 cm 左右为好，不宜太高。为此采用较小定量和较小粗纱捻系数以降低细纱牵伸不匀。细纱捻系数适当加大，一般取设计公制捻系数为 383 左右较合适。

（4）细纱采用大的后区牵伸隔距及小的后区牵伸倍数，牵伸胶辊采用立达软胶辊以改善成纱条干，确保细纱质量。

（5）采用自动络筒机，既可减少纱疵，又可利用无结头纱提高布面质量。

（6）由于芳纶纤维处于单纱和股线状态时都易发生扭曲，因此采用两次定形，即单纱和股线各在 85 ℃ 中定形 40 min，以得到较好的定捻效果，保证后道工序不产生"小辫子"纱疵。

（7）在纺有色芳纶混纺纱时，捻度应较高以达到较好的成纱强力，合股纱的捻度应为单纱捻度的 70%，并且捻向同单纱相反，以平衡扭矩。

6.7.4 产品规格及织造过程中需解决的问题

1. 产品规格

在织物组织规格设计时，首先考虑满足安全性要求。织物的组织结构、重量、厚度等都会影响织物的阻燃性。如纱线的捻度高，织物组织结构紧密，透气性小，不易与周围空气充分接触，燃烧就困难；同类组织结构的织物，单位面积的重量越大，越不易引燃。根据以上分析，选择制备粗厚股线二上一下左斜纹织物。产品规格：19.6 × 2/19.6 × 2、315/212.5、119.5。

2. 织造过程中需解决的问题

在整经时适当加大张力圈重量，防止产生小辫子纱疵，保证经轴卷绕密度；浆纱时选择适当的浆料和上浆温度，保证纱线毛羽贴伏、表面光滑，避免纱线粘连，提高纱线强度，保持纱线一定的柔软度、伸长度，从而使织造过程开口清晰，断头减少；织造时，适当加大上机张力，以使布面平整，纹路清晰。

由于粘胶纤维的特性，要尽可能进行松式加工或低张力加工。因此选择溢流染色机染色。

6.7.5　性能测试

1. 实验室测试

将芳纶/阻燃粘胶混纺幕布洗涤 51 次后，在实验室按照标准《纺织品　燃烧性能试验　氧指数法》（GB/T 5454—1997）及《纺织品　燃烧性能　垂直方向　损毁长度阴燃和续燃时间的测定》（GB/T 5455—2014）测试阻燃幕布的极限氧指数和垂直燃烧性能，结果见表 6.10。

表 6.10　阻燃幕布性能

燃烧性能		芳纶/阻燃粘胶
氧指数/%		33
经向	损毁长度/mm	55
	续燃时间/s	0
	阴燃时间/s	0
纬向	损毁长度/mm	54
	续燃时间/s	0
	阴燃时间/s	0
熔融滴落物		无

2. 第三方检测

将芳纶/阻燃粘胶混纺幕布送往国家防火建筑材料质量监督检验中心，洗涤 51 次后，按照国家标准《建筑材料及制品燃烧性能分级》（GB 8624—2012）进行检测，检测结果见表 6.11。

表 6.11　芳纶/阻燃粘胶混纺幕布检测结果

检验项目		检验方法	标准要求	检验结果	结论
氧指数/%		GB/T 5454—1997	≥32.0	35.5	合格
垂直燃烧性能	续燃时间/s	GB/T 5455—2014	≤5	0	合格
	阴燃时间/s	GB/T 5455—2014	≤15	0	合格
	损毁长度/mm	GB/T 5455—2014	≤150	51	合格
	燃烧滴落物	GB/T 5455—2014	未引起脱脂棉燃烧或阴燃	无燃烧滴落物	合格

从表 6.10 及表 6.11 可以看出,芳纶/阻燃粘胶混纺幕布耐洗涤 50 次以上,LOI 值达到 35.5%,续燃时间 0,阴燃时间 0,损毁长度 51 mm,无熔融滴落物,燃烧性能达到《建筑材料及制品燃烧性能分级》(GB8624—2012)规定的难燃 B_1 级。

另外,芳纶/阻燃粘胶混纺幕布的氧指数比它们各自的纯纺织物都大,垂直燃烧结果也比纯纺织物好,表明混纺后织物的阻燃性能良好。

产生以上结果,分析其原因可能如下:

(1)高性能阻燃纤维的阻燃性主要归因于它们的结构特点,聚合物分子链主要由含有杂环的芳香族链区构成。2 种纤维混合后,使其结构由于共振而稳定,熔融温度提高,强度和刚度有所改善。

(2)由于粘胶纺丝液中加入 Sandflam 5060 阻燃剂的作用,在高温下分解产生脱水剂,使纤维脱水碳化,减少可燃性气体的产生。

(3)织物中 2 种纤维混合,使热裂解吸热量增加,从而降低温度,阻止燃烧蔓延。

(4)织物中纤维燃烧时使释放不燃性气体或高密度蒸气改变,前者可增加稀释氧和气态可燃性产物,并降低温度,致使燃烧终止,后者可以覆盖在可燃气体上,使燃烧窒息。

6.8 本章小结

本章筛选了幕布常用的阻燃纤维,研究了阻燃幕布的加工工艺,并对阻燃涤纶/阻燃腈纶、阻燃粘胶、阻燃涤纶/密胺及芳纶/阻燃粘胶幕布的耐洗涤性、氧指数及垂直燃烧性能进行了测试与分析,结论如下:

(1)阻燃涤纶/阻燃腈纶、阻燃粘胶及阻燃涤纶/密胺的幕布经洗涤 51 次之后,氧指数均为 26%,且阻燃涤纶/阻燃腈纶及阻燃涤纶/密胺在燃烧过程中有熔融滴落物。

(2)芳纶/阻燃粘胶幕布经洗涤 51 次之后,氧指数达到 35.5%,续燃时间 0,阴燃时间 0,损毁长度 51 mm,无熔融滴落物,燃烧性能达到《建筑材料及制品燃烧性能分级》(GB 8624—2012)标准规定的难燃 B_1 级。因此,芳纶/阻燃粘胶幕布阻燃性能较好,是一种耐洗涤无熔滴的阻燃幕布。

第7章

地铁列车阻燃防火内衬板研究

7.1 前 言

随着我国经济社会的持续快速发展，城市化进程明显加快，城镇人口迅速增长，城市规模不断扩大，这一系列发展带来的副作用是城市交通堵塞日益严重，汽车尾气日渐成为空气污染的重要因素。地铁等城市轨道交通已成为大城市发展公共交通和缓解拥堵的最佳选择。近年来，我国各大城市都在积极推动城市轨道交通的建设和发展，截止到 2020 年年底，我国城市轨道交通线网规模和客流规模均居世界第一，运营里程已超过 7 500 km，在建线路超过 6 700 km。随着运营里程的不断增长，安全风险不断增多，安全运行压力日趋加大，而作为公益性服务行业，安全运营是地铁建设和发展的永恒主题。地铁运行在地下隧道中，人员疏散比地面更为困难，且地铁车厢相对封闭、人员密集，因此，地铁车厢的消防安全是地铁安全运营的重要组成部分。地铁车厢主体结构为金属，在通常情况下属于不燃性材料；车厢内的吊顶、墙板、饰带板、各种罩板等内装饰材料部分采用有机材料制品，属于可燃材料。

由于具有可常温常压固化、生产工艺简单、树脂综合性能优良、耐化学腐蚀等特点，聚酯玻璃钢材料已被广泛应用于建筑、船舶、汽车工业、轨道交通、电子电器等众多领域，也被用作地铁列车车厢的部分内装饰板材。玻璃钢材料是一种纤维增强复合材料，主要由基体树脂和增强纤维材料组成。聚酯玻璃钢材料中增强纤维材料为不燃性材料，基体树脂不饱和聚酯树脂是可燃的有机材料，因此聚酯玻璃钢材料的可燃性实质上是不饱和聚酯树脂的燃烧问题。

不饱和聚酯树脂（UPR）是一类具有线形结构，主链上同时具有重复酯键及不饱和双键的聚合物材料，一般由二元醇与不饱和二元酸在高温下缩聚而成，它是一种可燃性材料，在燃烧过程中会释放出大量的热，并且生成浓烟、释放有毒有害气体。不饱和聚酯树脂的阻燃处理可采用的阻燃剂包括无机阻燃剂、有机磷系阻燃剂、膨胀型阻燃剂和卤系阻燃剂等。国内外的相关学者对不饱和聚酯树脂的阻燃处理开展了大量研究，也取得了积极的研究进展：① 无机阻燃剂：H. Tang 等的研究表明添加 55%氢氧化镁的 UPR 阻燃及抑烟性能最好。汪关才等的研究显示水镁石、氢氧化铝、聚磷酸铵等 3 种阻燃剂在 UPR 中存在明显的阻燃协效作用，当阻燃剂含量为 40 wt%时，阻燃UPR 的氧指数为 33.8 %，垂直燃烧性能达到 V-0 级，烟密度为 56.74%。Kaffashi B 等的研究表明当多壁碳纳米管和海泡石纳米黏土的含量分别为 0.4 %和 5 %时，阻燃 UPR 的热释放速率峰值可降低 50 %。P. Piotr 等研究了膨胀石墨在 UPR 中的应用，加入 10 wt%的膨胀石墨，能使 UPR 的氧指数提高到 31 %。② 有机磷系阻燃剂：张臣等合成了苯磷酸二（间苯二酚）酯（BPHPPO），并制备了反应型阻燃不饱和聚酯树脂，当 BPHPPO 的含量为 18 wt%时，阻燃 UPR 的氧指数为 30 %，垂直燃烧性能达到 V-0 级。J. F. Kun 合成了一种膦酸二甲酯型阻燃剂，并将其用于不饱和聚酯树脂的阻燃，当加入 19 wt%的阻燃剂时，阻燃 UPR 的氧指数达到 29 %。③ 膨胀型阻燃剂：蔡天聪等用甲基磷酸二甲酯、三聚氰胺三聚氰酸盐和季戊四醇制备了膨胀型阻燃剂，当添加 15 wt%的膨胀型阻燃剂时，阻燃 UPR 的氧指数达 28.5 %，能离火即熄。

在玻璃钢阻燃技术方面：王志涛等研究了甲基磷酸二甲酯在玻璃钢中的阻燃性能，添加 12 %的阻燃剂时，试样的氧指数为 37.0 %，垂直燃烧性能达到 V-0 级，能离火自熄，且力学性能无明显降低。王凤武等研究了包覆红磷在聚酯玻璃钢中的阻燃效果，包覆红磷含量为 9 %时，试样的氧指数为 33 %。欧荣庆等研究了二溴新戊二醇不饱和聚酯的合成方法，并将其应用于制作阻燃玻璃钢，研究结果表明，该样品具有较好的阻燃性能，当含溴量为 20 %时，其氧指数为 31 %，垂直燃烧性能达到 V-0 级。王烈等比较了氢氧化镁与氢氧化铝在玻璃钢中的阻燃效果，结果显示二者阻燃效果相当，氢氧化镁抑烟能力强。

　　从上述文献报道可以看出，玻璃钢材料及其基体树脂的阻燃技术研究受到了国内外广大研究人员的关注，近年来报道的研究成果也比较多，但基本还处于基础研究阶段，主要关注的是氧指数、垂直燃烧等小尺度实验，相关研究工作还不够系统。随着我国轨道交通技术及其工程应用的快速发展，降低轨道交通车辆自重、提高轨道车辆运用和生产效率成为研发设计不断追求的目标，各主机厂设计者在结构设计和材料选用上采取了各种措施。玻璃钢作为一种重要的聚合物基复合材料，其加工成型工艺简单，既具有钢材的机械性能，又克服了钢材易受化学腐蚀的弱点。但玻璃钢材料的燃烧特性也大大增加了车厢的火灾危险性。随着我国地铁工程的大规模建设和快速发展，地铁客运量的迅速增长，地铁车辆的防火安全也越来越受到人们的关注与重视。因此，本章主要介绍一种地铁列车阻燃防火内衬板。根据地铁列车阻燃防火内衬板的材料燃烧特性，首先介绍不饱和聚酯树脂基体材料的高效复合阻燃技术的研究，然后介绍具有优良阻燃性能的地铁列车阻燃防火内衬板的研制，最后介绍地铁列车阻燃防火内衬板的燃烧性能测试。

7.2　阻燃不饱和聚酯树脂研制

　　地铁列车阻燃防火内衬板所用的玻璃钢材料主要由基体树脂和纤维增强材料组成。由地铁列车阻燃防火内衬板用玻璃钢的材料燃烧特性可知其阻燃研究的关键技术主要在于对基体树脂的阻燃改性，通过基体树脂阻燃性能的改善来提高玻璃钢材料整体的阻燃性能。本节首先对地铁列车阻燃防火内衬板用玻璃钢材料的基体树脂——不饱和聚酯树脂（UPR）进行阻燃改性研究，研究多种阻燃体系在不饱和聚酯树脂中的阻燃效果，着重考察各种阻燃体系对不饱和聚酯树脂的氧指数、热性能等关键阻燃特性的影响。

7.2.1　实验部分

1. 主要原料

　　阻燃不饱和聚酯树脂的主要原料：不饱和聚酯树脂（UPR）、阻燃剂 A、阻燃剂 B、阻燃剂 C 及促进剂、固化剂，均为市购商品。

2. 试样制备

按照配比分别称取 UPR、阻燃剂和助剂放入烧杯中；用电动搅拌器搅拌 3 min，搅拌速度为 1 000 r/min；然后将混合物倒入模具中固化，得到测试样品。促进剂和固化剂的添加量分别为 UPR 质量的 0.6% 和 2.5%。阻燃不饱和聚酯树脂复合材料的基本阻燃配方见表 7.1。

表 7.1 阻燃不饱和聚酯树脂复合材料的基本阻燃配方

编号	UPR	阻燃剂 A	阻燃剂 B	阻燃剂 C
UPR	100	0	0	0
UA1	70	30	0	0
UA2	60	40	0	0
UA3	50	50	0	0
UA4	40	60	0	0
UB1	60	0	40	0
UB2	50	0	50	0
UB3	40	0	60	0
UC1	90	0	0	10
UC2	85	0	0	15
UC3	80	0	0	20
UF1	50	40	0	10
UF2	50	35	0	15
UF3	40	50	0	10

3. 性能表征

氧指数测试（LOI）：采用 HC-2 型氧指数测试仪，按照 GB/T 2406.2—2009 标准测试试样的氧指数，试样的尺寸为 120 mm × 6 mm × 3 mm。

热重测试（TG）：采用 TA 公司的 Q5000 型热重测试仪测试样品在氮气气氛下的热失重行为，样品用量约为 5 mg。起始记录温度为 40 ℃，终止温度为 700 ℃，升温速率为 10 ℃/min。按质量残留率对温度作图并分析其热失重行为。

7.2.2　结果与讨论

采用多种阻燃体系对地铁列车阻燃防火内衬板用玻璃钢材料的不饱和聚酯树脂基材进行阻燃处理，制备了阻燃剂含量为 10 ~ 60 *wt*% 的阻燃不饱和聚酯树脂复合材料，研究各种阻燃剂对地铁列车阻燃防火内衬板用玻璃钢材料的不饱和聚酯树脂的氧指数、热性能的影响。

1. 氧指数测试

采用氧指数法对纯不饱和聚酯树脂和阻燃不饱和聚酯树脂的燃烧性能进行测试，以考察纯不饱和聚酯树脂的燃烧性能以及各阻燃体系的加入及其含量对阻燃不饱和聚酯树脂燃烧行为的影响。图 7.1 所示为未添加阻燃剂的不饱和聚酯树脂和阻燃剂含量为 10 ~ 60 *wt*% 的阻燃不饱和聚酯树脂的燃烧性能测试数据。

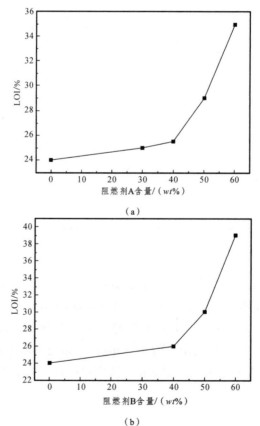

（a）

（b）

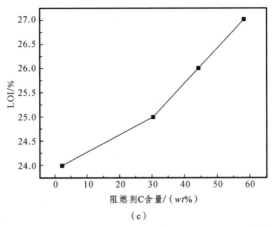

图 7.1 燃剂含量与阻燃不饱和聚酯树脂 LOI 的关系

不饱和聚酯树脂是一种易燃材料，如图 7.1 所示，纯 UPR 的氧指数较低，仅为 24%。从图 7.1（a）中可以看出，在阻燃剂 A 含量为 30 $wt\%$、40 $wt\%$、50 $wt\%$ 和 60 $wt\%$ 时，阻燃不饱和聚酯树脂 UA1、UA2、UA3 和 UA4 的氧指数分别为 25%、25.5%、29% 和 35 %，表明阻燃剂 A 能够有效提高 UPR 的阻燃性能，并且阻燃不饱和聚酯树脂的阻燃性能随阻燃剂 A 含量的增加而显著提高。从图 7.1（b）中可以看出，在阻燃剂 B 含量为 40 $wt\%$、50 $wt\%$ 和 60 $wt\%$ 时，阻燃不饱和聚酯树脂 UB1、UB2 和 UB3 的氧指数分别为 26%、30% 和 39%，表明阻燃剂 B 能够有效提高 UPR 的阻燃性能，并且阻燃不饱和聚酯树脂的阻燃性能随阻燃剂 B 含量的增加而显著提高。由于阻燃剂 C 的加入会影响 UPR 的固化，当阻燃剂 C 的添加量超过 20 $wt\%$ 时，UPR 的固化时间显著增长，因此，将阻燃剂 C 的最大添加量定为 20 $wt\%$。从图 7.1（c）中可以看到，当阻燃剂 C 含量为 10 $wt\%$、15 $wt\%$ 和 20 $wt\%$ 时，阻燃不饱和聚酯树脂 UC1、UC2 和 UC3 的氧指数分别为 25%、26% 和 27%，表明阻燃剂 C 对提高 UPR 的阻燃性能具有积极的作用。

表 7.2 所示为纯 UPR 和阻燃剂 F/不饱和聚酯树脂复合材料的氧指数测试数据。在阻燃剂 F 含量为 50 $wt\%$ 时，阻燃不饱和聚酯树脂 UF1 和 UF2 的氧指数由纯 UPR 的 24 % 提高到 33%；当阻燃剂 F 含量增加到 60 $wt\%$ 时，阻燃不饱和聚酯树脂 UF3 的氧指数提高到 41%。对比试样 UF1 和 UF2 的氧指数可以发现，在阻燃剂总含量相同时，阻燃剂 F 中两种阻燃剂的配比调整没有使阻燃不饱和聚酯树脂的氧指数产生明显变化。对比试样 UF1 和 UF3 的氧

指数可以发现，在阻燃剂 C 含量相同时，增加阻燃剂 A 的含量能显著提高阻燃不饱和聚酯树脂的氧指数。

表 7.2   纯 UPR 和阻燃剂 F/不饱和聚酯树脂复合材料的 LOI

编号	LOI/%
UPR	24
UF1	33
UF2	33
UF3	41

对比图 7.1 和表 7.2 的数据，可以看到，在阻燃剂含量为 50 wt%时，试样 UF1 和 UF2 的氧指数为 33%，而试样 UA3 的氧指数为 29%；在阻燃剂含量为 60 wt%时，试样 UF3 的氧指数为 41%，而试样 UA4 的氧指数为 35%。这表明，在阻燃剂含量相同时，添加阻燃剂 F 的阻燃不饱和聚酯树脂的氧指数均显著高于单独添加阻燃剂 A 的试样的氧指数。这表明阻燃剂 A 和阻燃剂 C 在阻燃不饱和聚酯树脂复合材料中具有明显的阻燃协效作用。

2. 热性能测试

为了研究各种阻燃体系对不饱和聚酯树脂热性能的影响，在氮气气氛下对纯不饱和聚酯树脂和阻燃不饱和聚酯树脂进行了热重测试分析。纯 UPR 和阻燃剂含量为 10~60 wt%的阻燃不饱和聚酯树脂的热分解参数见表 7.3。

表 7.3   UPR 和阻燃不饱和聚酯树脂复合材料的 TG 测试数据

编号	$T_{5\%}$/°C	T_{max}/°C	Deriv. WeighT at T_{max}/ (%/°C)	wt_R^{700}/%
UPR	261.73	363.71	1.16	1.10
UA2	226.62	394.51	0.71	27.47
UA3	232.20	396.60	0.67	34.70
UA4	253.78	398.45	0.54	43.93
UB1	252.55	399.51	0.83	28.61
UB2	259.57	400.78	0.73	34.88
UB3	239.27	396.22	0.55	41.01

编号	$T_{5\%}$/°C	T_{max}/°C	Deriv. WeighT at T_{max}/ (%/ °C)	wt_R^{700} /%
UC1	153.63	369.99	0.99	2.03
UC2	110.98	385.93	0.78	1.62
UC3	136.58	382.18	0.91	1.48
UF1	154.51	396.21	0.43	28.37
UF2	128.43	396.80	0.49	23.44
UF3	143.98	343.67	0.32	34.82

注：$T_{5\%}$ 为起始分解温度（热失重 5 wt%时的分解温度）；

T_{max} 为最大失重速率时的温度；

Deriv. WeighT at T_{max} 为最大失重速率；

wt_R^{700} 为样品在 700 °C 下的残留物质量百分数。

从表 7.3 中可以看到，UPR 的起始分解温度（$T_{5\%}$）为 261.73 °C，其热分解过程主要发生在 300 ~ 400 °C，最大失重速率时的温度（T_{max}）为 363.71 °C，最大失重速率（Deriv. WeighT at T_{max}）为 1.16 %/ °C，UPR 自身的成碳能力很差，其在 700 °C 下的残留物质量百分数（wt_R^{700}）为 1.10 %。

加入阻燃剂 A 后，由于阻燃剂 A 的分解主要发生在 200 ~ 300 °C，因此试样的起始分解温度降低，但其高温区热稳定性得到提高，T_{max} 升高到 395 °C 附近。随着阻燃剂 A 含量由 40 wt%增加到 60 wt%，试样的最大失重速率由 0.71 %/ °C 逐渐降低至 0.54 %/ °C，wt_R^{700} 由 27.47 %逐渐上升到 43.93 %。这表明阻燃剂 A 提高了复合材料在高温区的热稳定性，降低了其热分解速率，并提高了其成碳性能。加入阻燃剂 B 后，由于阻燃剂 B 的分解主要发生在 200 ~ 300 °C，因此试样的起始分解温度降低，但其高温区热稳定性得到提高，T_{max} 升高到 400 °C 附近。当阻燃剂 B 含量由 40 wt%增加到 60 wt%，试样的最大失重速率由 0.83 %/ °C 逐渐降低至 0.55 %/ °C，wt_R^{700} 由 28.61%逐渐上升到 41.01%。这表明阻燃剂 B 提高了复合材料在高温区的热稳定性，降低了其热分解速率，并提高了复合材料的成碳性能。加入阻燃剂 C 后，由于阻燃剂 C 在 150 °C ~ 200 °C 发生分解，因此试样的起始分解温度降低，但其高温区热稳定性得到提高，其 T_{max} 升高到 385 °C 附近。TG 测试数据表明阻燃剂 C

的加入，能够提高 UPR 高温区的热稳定性，降低其热分解速率，但对其成碳性能影响不明显。加入阻燃剂 F 后，由于阻燃剂 C 在 150～200 ℃ 发生分解，因此阻燃不饱和聚酯树脂的起始分解温度降低到 140 ℃ 附近；但阻燃剂 F 的加入，能明显降低阻燃不饱和聚酯树脂的最大失重速率，并提高其成碳性能。在阻燃剂含量为 50 *wt*%时，试样 UF1 和 UF2 的最大失重速率均低于试样 UA3；在阻燃剂含量为 60 *wt*%时，试样 UF3 的最大失重速率均低于试样 UA4。这表明，在阻燃剂含量相同时，添加阻燃剂 F 的试样能够更好地降低阻燃不饱和聚酯树脂的热分解速率。

7.2.3　小　结

本节对地铁列车阻燃防火内衬板用玻璃钢材料的基体树脂——不饱和聚酯树脂进行了阻燃改性研究：采用阻燃剂 A、阻燃剂 B、阻燃剂 C 和阻燃剂 F 对不饱和聚酯树脂进行了阻燃处理，制备了阻燃剂含量为 10～60 wt%的阻燃不饱和聚酯树脂复合材料，研究了多种阻燃体系在不饱和聚酯树脂中的阻燃效果，着重考察各种阻燃体系对不饱和聚酯树脂氧指数、热性能的影响。主要结果如下：

（1）不饱和聚酯树脂是一种易燃材料，纯 UPR 的氧指数为 24%；UPR 的起始分解温度为 261.73 ℃，其热分解过程主要发生在 300～400 ℃，最大失重速率时的温度为 363.71 ℃，最大失重速率为 1.16 %/ ℃，UPR 自身的成碳能力很差，其在 700 ℃ 下的残留物质量百分数为 1.10%。

（2）阻燃剂 A 能够有效提高 UPR 的阻燃性能，当阻燃剂 A 含量为 60 *wt*%时，试样的氧指数达到 35%；阻燃剂 A 能提高 UPR 在高温区的热稳定性，降低其热分解速率，并提高其成碳性能。

（3）阻燃剂 B 能够有效提高 UPR 的阻燃性能，当阻燃剂 B 含量为 60 *wt*%时，试样的氧指数达到 39%；阻燃剂 B 能提高 UPR 在高温区的热稳定性，降低其热分解速率，并提高其成碳性能。但在试样制备过程中添加阻燃剂 B 的试样的黏度高于添加阻燃剂 A 的试样，不利于材料的加工成型。

（4）阻燃剂 C 的加入会影响 UPR 的固化，当其添加量大于 20 *wt*%时，

UPR 的固化变得非常缓慢，不利于加工成型。阻燃剂 C 对提高 UPR 的阻燃性能具有积极的作用，当阻燃剂 C 含量为 20 *wt*%时，试样的氧指数为 27%；阻燃剂 C 的加入，能够提高 UPR 高温区的热稳定性，降低其热分解速率，但对其成碳性能影响不明显。

（5）阻燃剂 A 和阻燃剂 C 在 UPR 中具有明显的阻燃协效作用，由其二者组成的阻燃剂 F 在 UPR 中具有优良的阻燃效果，当阻燃剂 F 含量为 60 *wt*%时，试样的氧指数达到 41%；阻燃剂 F 能提高 UPR 在高温区的热稳定性，并显著降低其热分解速率，提高其成碳性能。

7.3 地铁列车阻燃防火内衬板研制

在上一节中，首先对地铁列车阻燃防火内衬板用玻璃钢材料的基体树脂不饱和聚酯树脂的阻燃技术进行了系统的研究，研制了阻燃性能优良的阻燃不饱和聚酯树脂复合材料。在地铁列车阻燃防火内衬板用玻璃钢材料中，基体树脂中需要加入大量的玻璃纤维。虽然玻璃纤维是不燃性的无机材料，但是玻璃纤维具有较高的导热性能，对玻璃钢材料的燃烧性能会产生一定的影响。在上一节的研究基础上，本节研究地铁列车阻燃防火内衬板用玻璃钢材料的阻燃技术，研究多种阻燃体系在地铁列车阻燃防火内衬板用玻璃钢材料中的阻燃效果，通过氧指数测试、垂直燃烧测试和锥形量热测试，着重考察各种阻燃体系对其氧指数、垂直燃烧性能、点燃时间、热释放速率、总热释放量等燃烧特性参数的影响。

7.3.1 实验部分

1. 主要原料

阻燃玻璃钢材料的主要原料：不饱和聚酯树脂（UPR）、阻燃剂 A、阻燃剂 C、无碱玻纤布、无碱玻纤短毡及促进剂、固化剂，均为市购商品。

2. 试样制备

按照配比分别称取 UPR、阻燃剂和助剂放入烧杯中；用电动搅拌器搅拌

3 min，搅拌速度为 1 000 r/min；然后将混合物按顺序涂刷到底层玻纤布、第一层玻纤短毡、第二层玻纤短毡和上层玻纤布上，得到测试样品。促进剂和固化剂的添加量分别为 UPR 质量的 0.6% 和 2.5%。地铁列车阻燃防火内衬板用玻璃钢材料的基本配方见表 7.4。

表 7.4 地铁列车阻燃防火内衬板用玻璃钢材料的基本配方

编号	UPR	阻燃剂 A	阻燃剂 B	阻燃剂 C
GFRP	100	0	0	0
GA1	60	40	0	0
GA2	50	50	0	0
GA3	40	60	0	0
GC1	90	0	0	10
GC2	85	0	0	15
GC3	80	0	0	20
GF1	50	40	0	10
GF2	50	35	0	15
GF3	40	50	0	10

3. 性能表征

氧指数测试（LOI）：采用 HC-2 型氧指数测试仪，按照 GB/T 2406.2—2009 标准测试试样的氧指数，试样的尺寸为 120 mm × 6 mm × 3 mm。

垂直燃烧测试：采用 CZF-3 型垂直燃烧测试仪，按照 GB/T 2408—2009 标准（UL-94）测试试样的垂直燃烧性能，试样的尺寸为 125 mm × 13 mm × 3 mm。

锥形量热测试（CONE）：采用英国 FTT 公司生产的锥形量热仪（FTT Cone Calorimeter）对材料样品的燃烧性能进行测试。将待测样品放置在水平样品槽中，以 25 kW/m² 的热辐射功率对样品进行加热，当热辐射到一定程度时，在点火器作用下样品被引燃，通过 CONE 专用测试分析软件进行测试分析，得出材料燃烧时的各种燃烧特性参数。

7.3.2 结果与讨论

本小节采用多种阻燃体系对地铁列车阻燃防火内衬板用玻璃钢材料进行阻燃处理，制备了阻燃剂含量为 10 ~ 60 *wt*%的阻燃玻璃钢复合材料，研究了各种阻燃体系对地铁列车阻燃防火内衬板用玻璃钢材料的氧指数、垂直燃烧性能、点燃时间、热释放速率、总热释放量等燃烧特性参数的影响。

1. 氧指数和垂直燃烧测试

采用氧指数法和垂直燃烧法对纯玻璃钢和地铁列车阻燃防火内衬板用玻璃钢材料的燃烧性能进行测试，以考察纯玻璃钢的燃烧性能以及各种阻燃体系的加入及其含量对阻燃玻璃钢燃烧行为的影响。表 7.5 所示为未阻燃的玻璃钢和阻燃剂含量为 10 ~ 60 *wt*%的阻燃玻璃钢的氧指数和垂直燃烧性能测试数据。

表 7.5   纯 GFRP 和阻燃玻璃钢复合材料的氧指数及垂直燃烧数据

编号	LOI/%	垂直燃烧
GFRP	25.5	N/A
GA1	32.6	N/A
GA2	38.7	V-0
GA3	62.5	V-0
GC1	34.4	N/A
GC2	34.5	N/A
GC3	35.4	N/A
GF1	45.4	V-0
GF2	52.5	V-0
GF3	66.6	V-0

注：N/A 表示未能达到最低等级要求。

由于基体树脂不饱和聚酯树脂是一种易燃材料，其氧指数仅 24%，因此，纯 GFRP 的阻燃性能也不高，其氧指数为 25.5%，垂直燃烧性能不能达到最低等级要求。

从表 7.5 中可以看到，阻燃剂 A 的加入能明显提高玻璃钢的阻燃性能，在阻燃剂含量为 40 *wt*%、50 *wt*%和 60 *wt*%时，试样 GA1、GA2 和 GA3 的氧指数分别为 32.6%、38.7%和 62.5%；试样 GA2 和 GA3 的垂直燃烧性能达到最高等级 V-0 级。阻燃剂 C 的加入能提高玻璃钢的阻燃性能，在阻燃剂含量为 10 *wt*%、15 *wt*%和 20 *wt*%时，试样 GC1、GC2 和 GC3 的氧指数分别为 34.4%、34.5%和 35.4%，但其垂直燃烧性能均未能达到最低等级要求。阻燃剂 F 的加入能明显提高玻璃钢复合材料的阻燃性能，在阻燃剂 F 含量为 50 *wt*%时，试样 GF1 和 GF2 的氧指数分别为 45.4%和 52.5%，垂直燃烧性能均达到 V-0 级；当阻燃剂 F 含量增加到 60 *wt*%时，试样 GF3 的氧指数提高到 66.6%，垂直燃烧性能达 V-0 级。对比试样 GF1 和 GF3 的氧指数可以发现，在阻燃剂 C 含量相同时，增加阻燃剂 A 的含量能显著提高阻燃玻璃钢复合材料的氧指数。表 7.5 中可见，在阻燃剂含量相同时，添加阻燃剂 F 的试样的氧指数均高于添加单一种类阻燃剂的试样，这表明，阻燃剂 A 和阻燃剂 C 在阻燃玻璃钢复合材料中具有阻燃协效作用。

2. 锥形量热测试

采用锥形量热仪对纯玻璃钢和地铁列车阻燃防火内衬板用玻璃钢材料的燃烧特性进行测试。表 7.6 所示为未阻燃的玻璃钢和阻燃剂含量为 10 ~ 60 *wt*%的阻燃玻璃钢的燃烧特性参数，其中 TTI 为点燃时间，HRR_{peak} 为热释放速率峰值，THR 为总热释放量。

表 7.6　纯 GFRP 和阻燃玻璃钢复合材料的燃烧特性参数

编号	TTI/s	HRR_{peak}/（kW/m^2）	THR/（MJ/m^2）
GFRP	112	272.56	40.8
GA1	195	147.77	41.5
GA2	231	118.99	40.3
GA3	382	79.21	29.4
GC1	131	203.69	24.5
GC2	125	187.10	16.3
GC3	177	145.52	29.4
GF1	239	128.28	32.3
GF2	264	100.10	22.1
GF3	551	87.27	19.2

点燃时间（TTI）是衡量材料着火危险性的重要指标之一。从表 7.6 中可以看出，GFRP 的点燃时间为 112 s；阻燃剂 A 能延长阻燃玻璃钢的点燃时间，当其含量为 60 $wt\%$ 时，试样 GA3 的点燃时间为 382 s，是 GFRP 的 3.4 倍；阻燃剂 C 对延长阻燃玻璃钢的点燃时间具有积极的作用，当其含量为 20 $wt\%$ 时，试样 GC3 的点燃时间为 177 s，是 GFRP 的 1.5 倍；阻燃剂 F 能显著延长阻燃玻璃钢复合材料的点燃时间，在其含量为 60 $wt\%$ 时，试样 GF3 的点燃时间为 551 s，是 GFRP 的 4.9 倍。

热释放速率（HRR）指材料在燃烧过程中释放热量的快慢，热释放速率峰值（HRR_{peak}）是材料燃烧过程中热释放速率的最大值，它是评价材料燃烧性能的关键参数之一。如表 7.6 所示，GFRP 的热释放速率峰值为 272.56 kW/m^2；阻燃剂 A 能降低试样的热释放速率峰值，当其含量为 60 $wt\%$ 时，试样 GA3 的热释放速率峰值降低到了 79.21 kW/m^2；阻燃剂 C 能降低试样的热释放速率峰值，当其含量为 20 $wt\%$ 时，试样 GC3 的热释放速率峰值为 145.52 kW/m^2；阻燃剂 F 能明显降低阻燃玻璃钢复合材料的热释放速率峰值，在其含量为 60 $wt\%$ 时，试样 GF3 的热释放速率峰值降低到了 87.27 kW/m^2。

总热释放量（THR）指材料在燃烧全程中所释放热量的总和。从表 7.6 中可以看出，GFRP 的总热释放量为 40.8 MJ/m^2；当阻燃剂 A 含量为 40～50 $wt\%$ 时对试样的总热释放量影响不大，当其含量增加到 60 $wt\%$ 时，GA3 的总热释放量降低到 29.4 MJ/m^2；在降低总热释放量方面，阻燃剂 C 比阻燃剂 A 具有更好的效果，当阻燃剂 C 含量为 10～20 $wt\%$ 时，试样的总热释放量为 16.3～29.4 MJ/m^2；在阻燃剂 F 含量为 50 $wt\%$ 时，GF1 和 GF2 的总热释放量分别为 32.3 MJ/m^2 和 22.1 MJ/m^2，当其含量为 60 $wt\%$ 时，GF3 的总热释放量降低到 19.2 MJ/m^2。对比 GF1 和 GF3 的 CONE 测试数据可以发现，在阻燃剂 C 的含量相同时，增加阻燃剂 A 的含量能够显著增长试样的点燃时间，并降低其热释放速率峰值和总热释放量。

当材料受热时，阻燃剂 A 发生分解，释放出气态挥发物起到气相阻燃的作用，同时其固态分解产物还能起到固相阻燃作用；阻燃剂 C 发生分解，能起到凝聚相阻燃作用，降低试样分解速率。这对阻燃玻璃钢复合材料点燃时间的延长、热释放速率峰值和总热释放量的降低都能起到积极的作用。阻燃剂 F 则兼具了前两种阻燃剂的阻燃作用机理。

7.3.3 小 结

本节介绍了地铁列车阻燃防火内衬板用玻璃钢材料的研制，研究了多种阻燃体系在其中的阻燃效果，着重考察各种阻燃体系对试样氧指数、垂直燃烧性能以及点燃时间、热释放速率、总热释放量等燃烧特性参数的影响。具体结果如下：

（1）GFRP 的阻燃性能较低，其氧指数为 25.5 %，垂直燃烧性能不能达到最低等级要求，点燃时间为 112 s，热释放速率峰值为 272.56 kW/m^2，总热释放量为 40.8 MJ/m^2。

（2）阻燃剂 A、阻燃剂 C 和阻燃剂 F 均能提高地铁列车阻燃防火内衬板用玻璃钢材料的氧指数和垂直燃烧性能，其中阻燃剂 F 的阻燃效果最佳，当阻燃剂 F 含量为 60 wt%时，试样的氧指数达到 66.6 %，垂直燃烧性能达到V-0 级。

（3）阻燃剂 A、阻燃剂 C 和阻燃剂 F 能够提高地铁列车阻燃防火内衬板用玻璃钢材料燃烧性能，其中阻燃剂 F 的效果最好，当阻燃剂 F 含量为 60 wt%时，试样的点燃时间为 551 s，热释放速率峰值为 87.27 kW/m^2，总热释放量为 19.2 MJ/m^2。

7.4 地铁列车阻燃防火内衬板的检验

在前两节中，研究多种阻燃体系在地铁列车阻燃防火内衬板用玻璃钢材料中的阻燃效果，采用氧指数、垂直燃烧、热重测试和锥形量热仪等小尺寸测试方法对地铁列车阻燃防火内衬板的阻燃性能进行了较为系统研究，从阻燃体系、加工工艺等方面优化了地铁列车阻燃防火内衬板的阻燃技术。

本节的研究内容主要是制备大尺寸地铁列车阻燃防火内衬板样品，如图 7.2 所示，并将其分别送到第三方检测机构（国家防火建材质量监督检验中心和国家合成树脂质量监督检验中心），按照《建筑材料及制品燃烧性能分级》（GB 8624—2012）、《建筑材料热释放速率试验方法》（GB/T 16172—2007）《纤维增强塑料拉伸性能试验方法》（GB/T 1447—2005）和《纤维增强塑料弯曲性能试验方法》（GB/T 1449—2005）等相关国家标准开展燃烧性能和力学性能检验。

图 7.2　地铁列车阻燃防火内衬板送检样品

表 7.7 所示为地铁列车阻燃防火内衬板的燃烧性能和力学性能检验数据。从检验数据可以看到，该板材的燃烧性能达到 GB 8624—2012 标准规定的难燃 B_1 级，热释放速率峰值为 100.3 kW/m^2，烟气毒性等级为 ZA_3 级，氧指数为 50.5%，垂直燃烧性能为 V-0 级，拉伸强度为 120 MPa，弯曲强度为 180 MPa。

表 7.7　地铁列车阻燃防火内衬板的燃烧性能和力学性能检验数据

	检验项目	标准要求	检验结果
可燃性	60 s 内焰尖高度/mm	≤150	30
	燃烧滴落物引燃滤纸现象	过滤纸未被引燃	过滤纸未被引燃
单体燃烧性能	燃烧增长速率指数/W/s	≤120	95
	600 s 总热释放量/MJ	≤7.5	4.7
	火焰横向蔓延	未达到试样长翼边缘	未达到试样长翼边缘
	烟气生成速率指数/（m^2/s^2）	≤180	8
	600 s 总烟气生成量/m^2	≤200	60
	燃烧滴落物/微粒	600 s 内无燃烧滴落物/微粒	600 s 内无燃烧滴落物/微粒
	烟气毒性等级	达到 ZA_3 级	ZA_3 级
热释放速率	单位面积热释放速率峰值/（kW/m^2）	—	100.3
	放热总量/（MJ/m^2）	—	23.6
	垂直燃烧性能	—	V-0
	氧指数/%	—	50.5
	拉伸强度/MPa	—	120
	弯曲强度/MPa	—	180

进一步制备了涂覆白色装饰胶衣的地铁列车阻燃防火内衬板，如图 7.3
所示，并将其分别送到第三方检测机构（国家防火建材质量监督检验中心和
国家合成树脂质量监督检验中心），进行了燃烧性能和力学性能检验，检验结
果如表 7.8 所示。

图 7.3　涂覆白色装饰胶衣的地铁列车阻燃防火内衬板送检样品

表 7.8　涂覆胶衣的地铁列车阻燃防火内衬板的燃烧性能和力学性能检验数据

检验项目		标准要求	检验结果
可燃性	60 s 内焰尖高度/mm	≤150	35
	燃烧滴落物引燃滤纸现象	过滤纸未被引燃	过滤纸未被引燃
单体燃烧性能	燃烧增长速率指数/（W/s）	≤250	220
	600 s 总热释放量/MJ	≤15.0	8.6
	火焰横向蔓延	未达到试样长翼边缘	未达到试样长翼边缘
	烟气生成速率指数/（m^2/s^2）	≤180	26
	600 s 总烟气生成量/m^2	≤200	93
	燃烧滴落物/微粒	600 s 内无燃烧滴落物/微粒	600 s 内无燃烧滴落物/微粒
	烟气毒性等级	达到 ZA_3 级	ZA_3 级

续表

检验项目		标准要求	检验结果
热释放速率	单位面积热释放速率峰值/（kW/m^2）	—	73.7
	放热总量/（MJ/m^2）	—	34.1
	垂直燃烧性能	—	V-0
	氧指数/%	—	37.6
	拉伸强度/MPa	—	115
	弯曲强度/MPa	—	201

从表 7.8 中可以看出，涂覆白色装饰胶衣后的地铁列车阻燃防火内衬板的燃烧性能同样能够达到 GB 8624—2012 标准规定的难燃 B$_1$ 级，热释放速率峰值为 73.7 kW/m^2，烟气毒性等级为 ZA$_3$ 级，氧指数为 37.6 %，垂直燃烧性能为 V-0 级，拉伸强度为 115 MPa，弯曲强度为 201 MPa。

7.5 本章小结

本章首先研究了多种阻燃体系对地铁列车阻燃防火内衬板燃烧性能的影响，并结合材料的加工性能，优化了阻燃体系，然后通过第三方检测机构对地铁列车阻燃防火内衬板的燃烧性能和力学性能进行了检验。具体研究结果主要如下：

（1）不饱和聚酯树脂和普通玻璃钢材料均为易燃材料，氧指数分别为 24 % 和 25.5 %；采用多种阻燃体系对不饱和聚酯树脂进行阻燃处理，均能有效提高其阻燃性能；添加阻燃剂 B 的试样的黏度高于添加阻燃剂 A 的试样，不利于材料的加工成型；阻燃剂 C 的加入会影响 UPR 的固化，其添加量不宜大于 20 wt%，否则不利于加工成型；阻燃剂 A 和阻燃剂 C 在 UPR 中具有明显的阻燃协效作用,由其二者组成的阻燃剂 F 在 UPR 中具有优良的阻燃效果。

（2）阻燃剂 A、阻燃剂 C 和阻燃剂 F 均能有效提高地铁列车阻燃防火内衬板的氧指数和垂直燃烧性能，并增长其点燃时间、降低热释放速率峰值和总热释放量；阻燃剂 A 和阻燃剂 C 具有明显的协效阻燃作用，由阻燃剂 A

和阻燃剂 C 组成的复合阻燃体系在地铁列车阻燃防火内衬板中具有优良的阻燃效果。

（3）经过第三方检测机构检验，地铁列车阻燃防火内衬板的燃烧性能达到 GB 8624—2012 标准规定的难燃 B_1 级，热释放速率峰值为 100.3 kW/m^2，烟气毒性等级为 ZA_3 级，氧指数为 50.5 %，垂直燃烧性能为 V-0 级，拉伸强度为 120 MPa，弯曲强度为 180 MPa。并且，涂覆白色装饰胶衣后的地铁列车阻燃防火内衬板的燃烧性能同样能够达到 GB 8624—2012 标准规定的难燃 B_1 级，热释放速率峰值为 73.7 kW/m^2，烟气毒性等级为 ZA_3 级，氧指数为 37.6 %，垂直燃烧性能为 V-0 级，拉伸强度为 115 MPa，弯曲强度为 201 MPa。

第8章
地铁列车车厢夹层防火隔音保温材料研究

8.1 前 言

为了减少太阳辐射、车下电气设备运行和空调机组运行等产生的热量传递给乘客带来的不适,减少车辆能量的损耗,提高能量的利用率和乘客的舒适性,必须在地铁列车车厢安装隔热材料。隔热材料应同时满足保温、防火、不燃、无毒及吸声性好的特点。

目前市场上采用的保温隔音材料聚苯乙烯泡沫、聚氨酯泡沫等有机材料易燃烧,且燃烧过程会产生大量有毒气体,安全性差,而岩棉、玻璃纤维、发泡水泥、硅酸铝纤维等无机板材虽然防火性能优异,但是无机保温板的导热系数较高、密度较大,为了达到理想的保温效果一般需要增加保温层的厚度,不仅影响设计美观,还显著增加了保护层的重量。

二氧化硅(SiO_2)气凝胶是 20 世纪 30 年代开始发展起来的一种纳米多孔超级隔热材料,因为具有高比表面积、高孔隙率、低表观密度的特殊结构而具有极低的导热系数。其在室温下的导热系数可低至 0.013 W/(m·K)且具有高防火性,在防火隔热领域具有广阔的应用前景。但是,SiO_2气凝胶强度低、脆性大、成型困难,大多呈粉体或者小型块体,其板材的制备工艺复杂,难以直接作为防火保温材料,这极大限制了其实际应用。

SiO_2气凝胶保温材料的制备过程通常由溶胶-凝胶、老化和干燥构成。目前,常用的干燥方法主要有三种:冷冻干燥法、超临界干燥法和常压干燥法。

在低温下将凝胶孔隙中的溶剂冷冻,再通过升华将冷冻后的溶剂除去的方法叫冷冻干燥法。这种方法可以消除液体的弯液面应力,避免了骨架收缩产生的塌陷现象。但是液体冷冻发生相变时,形成的晶体或晶粒会破坏凝胶的网状结构,干燥效果差,很难形成块状气凝胶。

超临界干燥是通过控制压力和温度，使溶剂达到超临界状态，此状态下液体和气体之间不存在气-液界面的流体，可忽略溶剂与凝胶孔隙之间的毛细管力将其排出，而不破坏凝胶的结构。超临界干燥法虽然产出的气凝胶性能优异，但干燥设备昂贵、工艺条件苛刻、操作危险性高等缺点也限制了气凝胶的工业化量产。

在常压条件下将温度升高到溶剂的沸点，使其蒸发排出的方法为常压干燥法。虽然常压干燥工艺简单、生产安全、造价低，但是制备的凝胶容易发生开裂，这种方法的关键点是克服溶剂蒸发时表面张力对凝胶介孔的破坏。

制备 SiO_2 气凝胶材料的硅源可分为以水玻璃为主的硅酸盐硅源和以正硅酸乙酯（TEOS）、正硅酸甲酯（TMOS）等为前驱体的硅醇盐硅源。水玻璃（俗称泡花碱）是由碱金属氧化物和 SiO_2 结合而成的可溶性碱金属硅酸盐。采用水玻璃制备的气凝胶会引入大量的碱金属氯化物杂质，影响气凝胶的纯度，制备过程中需要大量的溶剂洗涤和置换去除杂质，延长了制备周期。相比于水玻璃，高纯度的含硅醇盐[Si(OR)₄]制备的 SiO_2 气凝胶形貌良好，性能更加优良。

为克服 SiO_2 气凝胶自身强度低、脆性大、成型困难等缺点，将力学性能优良的无机材料与 SiO_2 气凝胶材料结合是制备高性能防火隔音保温材料的有效途径。本研究拟选用市面上常见的无机纤维作为骨架增强材料，采用溶胶-凝胶常压干燥法制备防火隔音保温材料，研究气凝胶的引入对材料性能的影响，优化材料结构，最终获得具有良好实用价值的轻质、高防火性、低烟气毒性和极低导热系数的地铁列车车厢夹层防火隔音保温材料。

8.2　试验部分

8.2.1　原料及试样制备

1. 原　料

正硅酸乙酯（TEOS），分析纯，成都市科隆化学品有限公司；正己烷，分析纯，成都金山化学试剂有限公司；无水乙醇，分析纯，成都金山化学试剂有限公司；氨水，分析纯，成都市科龙化工试剂厂；盐酸，分析纯，成都市科龙化工试剂厂；去离子水，自制；硅酸铝纤维毡，玻璃纤维毡，山东民烨耐火纤维有限公司；无碱玻璃纤维布（厚度约 0.16 mm），昆山绿循化工；铝箔纸（厚度约 0.15 mm），国生胶带有限公司。

2. 试样制备

（1）将正硅酸乙酯、乙醇、去离子水按一定比例加入烧杯中，磁力搅拌，搅拌温度 45 ℃，缓慢滴加 0.5 mol/L 的盐酸，调节溶液 pH 至 3 ~ 4，继续搅拌 2 h，然后逐滴加入氨水，调节 pH 至 7 ~ 8，继续搅拌 10 min，得到 SiO_2 溶胶。

将 SiO_2 溶胶缓慢倒入放有硅酸铝纤维骨架材料的模具中，凝胶完全后，老化 24 h，用乙醇清洗，在乙醇中继续老化 12 h，正己烷交换 2 次，每次老化 8 h，最后，分别在 60 ℃、80 ℃ 和 100 ℃ 下各干燥 6 h 得到防火隔音保温材料 A-1#至 A-4#。

（2）将硅酸铝纤维骨架材料在上述（1）配置的正硅酸乙酯、乙醇、去离子水混合溶液中浸泡 24 h，取出后分别用乙醇和正己烷浸泡处理，经干燥制得硅酸铝纤维毡比对样品 A-0#。

（3）采用上述（1）的制备方法，将制备的 SiO_2 溶胶缓慢倒入放有玻璃纤维骨架材料的模具中，经老化干燥制得防火隔音保温材料 B-1#。

（4）将玻璃纤维骨架材料在上述（1）配置的正硅酸乙酯、乙醇、去离子水混合溶液中浸泡 24 h，取出后分别用乙醇和正己烷浸泡处理，经干燥制得玻璃纤维毡比对样品 B-0#。

（5）采用上述（1）的制备方法，在制备出 SiO_2 溶胶后，依次将玻纤布、纤维骨架材料和玻纤布平铺于模具中，倒入 SiO_2 溶胶溶液浸泡，使玻纤布贴附于纤维毡表面，静置直至凝胶形成，经老化干燥制得防火隔音保温多层复合材料 C#。

（6）采用上述（1）的制备方法，在获得的防火隔音保温材料表面粘接铝箔纸获得防火隔音保温多层复合材料 D#。

8.2.2 测试与表征

（1）使用 NicoleT FTIR 6700 型红外光谱仪，KBr 压片对材料进行红外光谱分析。

（2）使用日本日立公司的 SU5000 热场式场发射扫描电镜（SEM）表征材料的表面形貌。

（3）使用德国耐驰仪器制造有限公司的 HFM436/3/0 导热系数测定仪，根据《绝热材料稳态热阻及有关特性的测定热流计法》（GB/T 10295—2008）测试材料的导热系数。

（4）使用丹麦 BK 公司的 3560C 型多功能分析仪，根据《声学　阻抗管中传声损失的测量　传递矩阵法》（GB/Z 27764—2011）测试材料的隔音性能，频率范围 100 ~ 5000 Hz，1/3 倍频程。

（5）使用丹麦 BK 公司的 3560C 型多功能分析仪，根据《声学 阻抗管中吸声系数和声阻抗的测量　第 2 部分：传递函数法》（GB/T 18696.2—2002）测试材料的吸声系数，频率范围 100 ~ 5 000 Hz，1/3 倍频程。

（6）使用美国 TA 公司的 SDT Q600 型热重-差热分析仪（TG-DTA）测试材料空气氛下的热稳定性，空气流速 50 mL/min，温度范围 40 ~ 800 ℃，升温速率 20 ℃/min。

（7）使用莫帝斯燃烧技术（中国）有限公司的 NCF 建筑材料不燃性试验装置和长沙三德试验有限公司的 SDACM5000 建筑材料燃烧热值试验装置，根据《建筑材料及制品燃烧性能分级》（GB 8624—2012）测试材料的防火性能。

（8）使用中诺（台湾）质检仪器设备有限公司的 ZY6224 材料产烟毒性危险分级试验装置，根据《材料产烟毒性危险分级》（GB/T 20285—2006）测试材料的烟气毒性。

8.3　结果与讨论

8.3.1　防火隔音保温材料的制备工艺研究

防火隔音保温材料由 SiO_2 气凝胶和无机骨架材料复合而成。无机骨架材料选用与 SiO_2 气凝胶有较强键合作用、密度较低且不燃的硅酸铝毡或玻璃纤维毡。本研究充分利用了 SiO_2 气凝胶的低导热系数和出色防火性能，经与力学性能良好的无机骨架材料复合从而获得综合性能优异的防火隔音保温材料。

防火隔音保温材料是将 SiO_2 湿凝胶与无机骨架材料复合后经凝胶干燥制得的目标材料。SiO_2 湿凝胶的合成通常采用有机硅作为前驱体（硅源）。目前，用来制备 SiO_2 气凝胶的硅源主要有正硅酸甲酯（TMOS）、正硅酸乙酯（TEOS）、多聚硅烷等。上述硅源易溶于普通有机溶剂，制备温度低，获得的凝胶纯度高，易控制化学配比，从而控制缩聚过程调控分子结构。因 TEOS 毒性小、价格低，利于大规模生产，本研究选用 TEOS 作为制备目标材料的主要硅源。

在湿凝胶的制备阶段，TEOS 首先在无水乙醇（EtOH）和去离子水混合溶剂中进行水解反应。TEOS 自身水解速度很慢，需要在酸性催化剂 HCl 的催化下进行，为了保证 TEOS 能够水解较彻底，调节 pH 至 3~4，并适当加热至 45 ℃，反应 2 h。凝胶速度受 pH 影响较大，其随 pH 的增加快速增大。为控制凝胶速度在合理范围，保证 SiO_2 凝胶在无机骨架材料表面的均匀附着，缓慢滴加稀氨水溶液调节 pH 至 7~8，然后将溶胶-凝胶溶液倒入放有无机骨架材料的模具中进行凝胶老化。

凝胶老化后期，由于干燥时存在毛细管力，凝胶内部水的表面张力大，容易导致凝胶内部网络结构塌陷，所以干燥过程先需要用无水乙醇置换凝胶空洞中的水，再用表面张力更小的正己烷置换无水乙醇，并程序升温干燥，降低干燥过程凝胶孔结构的收缩。

8.3.2 防火隔音保温材料的结构

1. 红外光谱分析（FTIR）

图 8.1 所示为 SiO_2 气凝胶的红外光谱图。从红外光谱图中，我们可以得到 SiO_2 气凝胶的化学结构信息，在 3 430 cm^{-1} 处为羟基中 O-H 的伸缩振动峰；2 960 cm^{-1} 处为甲基中 C-H 的伸缩振动峰；1 090 cm^{-1} 处为 Si-O-Si 的骨架伸缩振动峰；840 cm^{-1} 处为 Si-C 键的伸缩振动峰。红外光谱结果表明，我们成功制备得到了 SiO_2 气凝胶。

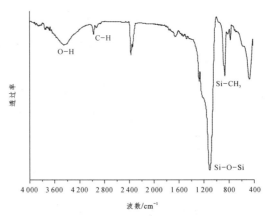

图 8.1 SiO_2 气凝胶红外光谱

2. 样品化学组成及密度

在样品制备过程中,通过调节正硅酸乙酯与无水乙醇的投料比(硅醇比),控制防火隔音保温材料中 SiO_2 气凝胶的含量。表 8.1 为前面所述工艺条件下制备出的防火隔音保温材料及其对比样品的基本参数。由表 8.1 可知,随着硅源投料的增加,材料的密度增大,硅酸铝纤维作为骨架材料的样品密度从纯硅酸铝毡 A-0#的 0.18 g/cm^3 增加到 A-4#的 0.32 g/cm^3,玻璃纤维作为骨架材料的样品密度则从纯玻璃纤维毡 B-0#的 0.12 g/cm^3 增加到 B-1#的 0.18 g/cm^3。主要原因可能是硅源投料的增加使得最终材料中附着于纤维表面的 SiO_2 气凝胶增加,SiO_2 气凝胶填充了纤维内部的空隙,导致材料的密度出现一定程度的上升。

表 8.1   防火隔音保温材料的基本参数

编号	样品组成	硅醇比*	样品密度/(g/cm^3)
A-0#	硅酸铝纤维	0:0	0.18
A-1#	硅酸铝纤维、SiO_2 气凝胶	1:20	0.21
A-2#	硅酸铝纤维、SiO_2 气凝胶	1:16	0.24
A-3#	硅酸铝纤维、SiO_2 气凝胶	1:12	0.29
A-4#	硅酸铝纤维、SiO_2 气凝胶	1:8	0.32
B-0#	玻璃纤维	0:0	0.12
B-1#	玻璃纤维、SiO_2 气凝胶	1:16	0.18

注:*样品在制备过程中正硅酸乙酯与无水乙醇的投料比(按摩尔比计)。

3. 样品外观及微观形貌

图 8.2 所示为所制 SiO_2 气凝胶的 SEM 照片。从图中可知，经干燥得到的 SiO_2 气凝胶具有纳米尺寸，大量 SiO_2 纳米颗粒交联构成三维网络骨架，内部存在纳米空隙。

图 8.3 所示为两种纤维毡经 SiO_2 溶胶-凝胶处理前后的外观对比照片。由图 8.3（a）和图 8.3（c）可知，硅酸铝纤维毡和玻璃纤维毡均具有较好的柔性，在竖直状态下，受重力作用易发生卷曲。经 SiO_2 溶胶-凝胶处理制得的防火隔音保温材料表面平坦，SiO_2 气凝胶与两种纤维复合都比较均匀，没有明显分层现象，如图 8.3（b）和图 8.3（d）所示。因 SiO_2 气凝胶的刚性，使得材料由较柔软的纤维毡变为具有一定刚性的板材。

图 8.2　SiO_2 气凝胶 SEM 照片

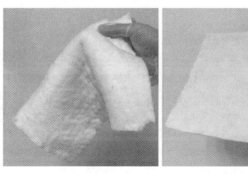

（a）A-0#　　　　　　　　　（b）A-2#

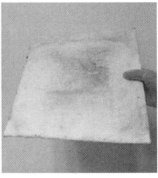

（c）B-0#　　　　　　　（d）B-1#

图 8.3　纤维毡处理前后外观

图 8.4 所示为防火隔音保温材料 A-1#、A-2#、A-3#和 A-4#样品的 SEM 照片。从图中可以看出，SiO_2 气凝胶主要附着于纤维表面，减少了纤维间的空隙，随着 SiO_2 气凝胶含量的增加，硅酸铝纤维和 SiO_2 气凝胶的附着结构没有出现明显变化。图 8.5 所示为防火隔音保温材料中 SiO_2 气凝胶微观形貌，从图中可看出，SiO_2 气凝胶具有纳米尺寸，大量 SiO_2 纳米颗粒交联构成三维网络骨架，内部存在纳米孔洞，尺寸约几十纳米。SiO_2 气凝胶的纳米孔结构随着制备过程中硅醇投料比的变化而变化，其中，A-2#样品的孔结构最大。该结构通过 SiO_2 气凝胶与纤维的复合，有效解决了气凝胶材料机械强度低、易碎和开裂等问题，同时有助于保持材料优异的隔热性能。

与 A-2#相同硅醇比投料制得的 B-1#样品微观结构和其中 SiO_2 气凝胶微观形貌如图 8.6 所示。由图可知，SiO_2 气凝胶在玻璃纤维表面附着结构与在硅酸铝纤维表面附着结构基本一致，但是，B-1#的气凝胶颗粒尺寸和纳米孔结构均大于 A-2#。

（a）A-1#　　　　　　　（b）A-2#

（c）A-3#　　　　　　（d）A-4#

图 8.4　防火隔音保温材料微观结构

（a）A-1#　　　　　　（b）A-2#

（c）A-3#　　　　　　（d）A-4#

图 8.5　防火隔音保温材料中 SiO$_2$ 气凝胶微观形貌

（a）B-1#的微观结构　　　　（b）SiO$_2$ 气凝胶微观形貌

图 8.6　防火隔音保温材料 B-1#的微观结构和其中 SiO$_2$ 气凝胶微观形貌

8.3.3　防火隔音保温材料的保温隔热性能

导热系数是评价材料隔热性能优劣的重要指标，材料的导热系数越小，表示其隔热性能越好。表 8.2 为防火隔音保温材料及其比对样品的导热系数，从表中数据可以看出，比对样品 A-0#和 B-0#的导热系数较小，分别只有 0.031 W/（m·K）和 0.028 W/（m·K）。两种纤维复合 SiO_2 气凝胶防火隔音保温材料 A-1#、A-2#、A-3#、A-4#和 B-1#的导热系数都有所增加，硅酸铝纤维复合 SiO_2 气凝胶防火隔音保温材料 A-1#、A-2#、A-3#、A-4#的导热系数为 0.034 ~ 0.045 W/（m·K），而玻璃纤维复合 SiO_2 气凝胶防火隔音保温材料 B-1#的导热系数为 0.033 W/（m·K）。

防火隔音保温材料导热系数的变化可能与样品中 SiO_2 气凝胶的孔隙率和内部的含水量有关。在硅酸铝纤维复合 SiO_2 气凝胶防火隔音保温材料体系中，A-2#样品的导热系数最低，由此可知，1∶16 是比较理想的硅醇投料比。因此，在本章后继的研究中将 1∶16 硅醇投料比制得的 A-2#和 B-1#样品进行比较研究。

表 8.2　防火隔音保温材料的导热系数

样品编号	导热系数[W/(m·K)]
A-0#	0.031
A-1#	0.039
A-2#	0.034
A-3#	0.043
A-4#	0.045
B-0#	0.028
B-1#	0.033

8.3.4　防火隔音保温材料的声学性能

图 8.7 所示为所制防火隔音保温材料的隔声量曲线，从图中可以看出，材料的隔声量随着频率的增加而增加。未经 SiO_2 溶胶-凝胶处理的硅酸铝毡和玻璃纤维毡的隔音量较低，在 100 ~ 5 000 Hz 的隔声量分别为 1.2 ~ 6.2 dB

和 2.1 ~ 6.2 dB。经 SiO_2 溶胶-凝胶处理后的硅酸铝纤维复合 SiO_2 气凝胶防火隔音保温材料的隔声量显著增加，且随频率增加，隔声量的增长幅度越大，从 100 Hz 时的 4.6 dB 增加到 5 000 Hz 时的 17.6 dB。而玻璃纤维复合 SiO_2 气凝胶防火隔音保温材料的隔声量却变化不大，在 100 ~ 5 000 Hz 的隔声量相比于玻璃纤维毡无明显增加，仅为 2.9 ~ 5.3 dB。这主要是因为硅酸铝纤维经 SiO_2 气凝胶复合后，纤维间排列更加紧密，材料刚性增加，密度增大，因此隔音性能增强；而玻璃纤维毡经 SiO_2 气凝胶复合后，纤维间距离没有发生明显变化，材料内部空隙仍较大，隔音性能无明显改善。

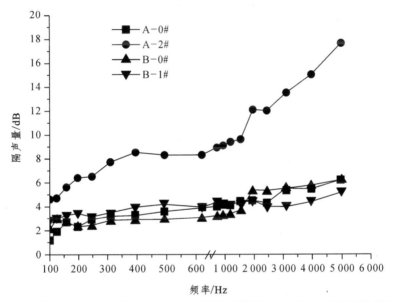

图 8.7 防火隔音保温材料 A-2#、B-1#及比对样品 A-0#和 B-0#的隔声量曲线

对隔音性能较好的硅酸铝增强防火隔音保温材料 A-2#进行了吸声系数测试，图 8.8 所示为防火隔音保温材料 A-2#及比对样品 A-0#的吸声系数曲线。从图中数据可知，材料的吸声系数随入射声频的增大而升高，当入射频率大于 800 Hz 时，材料的吸声系数增长较快。防火隔音保温材料 A-2#的吸声系数大于纯硅酸铝毡 A-0#比对样品，这主要是因为：一方面，SiO_2 气凝胶的附着增大了材料的密度，也就增加了声波与材料之间的空气流阻，所以更多的声能转化成热能而耗散掉；另一方面，附着于硅酸铝纤维表面的 SiO_2 气凝胶拥有很多微孔结构，这显著增加了材料的表面积，声波与材料接触的比表面积也相应增加，声波在材料中发生更多摩擦，延长了声波在材料内部的反复反射时间，更多的声能会转化为热能而耗散掉。吸声性能的测试表明，经 SiO₂ 溶胶-凝胶处理后制得的硅酸铝纤维复合 SiO₂ 气凝胶防火隔音保温材料的吸声性能也得到提高。

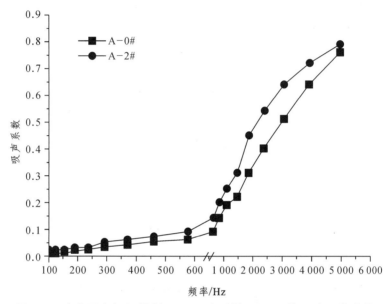

图 8.8   防火隔音保温材料 A-2#及比对样品 A-0#的吸声系数曲线

8.3.5   防火隔音保温材料的热稳定性

图 8.9 所示为防火隔音保温材料 A-2#、B-1#及比对样品 A-0#和 B-0#的 TG-DTA 曲线。由图 8.9 中曲线可以看出，在 40 °C 到 800 °C 的加热过程中，比对样品 A-0#和 B-0#非常稳定，没有出现明显的失重峰。而防火隔音保温材料 A-2#、B-1#在加热初期 40 ~ 150 °C 出现失重峰，温度在 150 ~ 260 °C 时，B-1#出现第二个失重峰，260 °C 时，A-2#和 B-1#的总质量损失分别为 3.3%和 3.0%，这主要是由于样品中 SiO₂ 气凝胶物理吸附的少量水和乙醇溶剂挥发所致。温度升至 330 ~ 610 °C 时，A-2#有较弱的失重峰，这主要是由于硅羟基之间发生缩合反应生成水，导致质量损失。610 °C 时，A-2#和 B-1#的总质量损失分别增至 5.4%和 4.8%。当温度为 800 °C 时，A-2#和 B-1#的残留分别为 94.1%和 94.6%。由热重稳定性分析表明，两种纤维复合 SiO₂ 气凝

胶防火隔音保温材料耐高温，在测试过程中表现出良好的热稳定性。

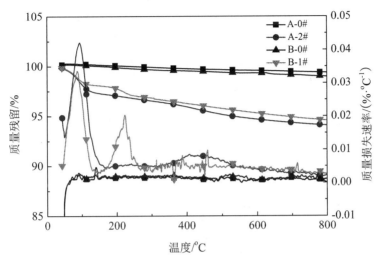

图 8.9　防火隔音保温材料 A-2#、B-1#及比对样品 A-0#和 B-0#的 TG-DTA 曲线

8.3.6　防火隔音保温材料的防火性能及烟气毒性

本研究所制备的防火隔音保温材料除了具有极低的导热系数，还应具有优异的防火性，并且产烟毒性达到一定的安全要求才能应用于轨道交通等对火安全要求较高的公共场合。

图 8.10 所示为防火隔音保温材料 A-2#和 B-1#依据《建筑材料不燃性试验方法》（GB/T 5464—2010）进行不燃性试验前后的样品外观，从图中可以看出，试验后的样品外观保持完好，没有出现熔融、变色、变形、开裂等现象，说明两种纤维复合 SiO_2 气凝胶防火隔音保温材料具有出色的防火性能。两种材料的防火性能均达到了 A（A1）级，相关试验结果见表 8.3。

火灾统计表明，毒烟气使人中毒或窒息是造成人员伤亡的主要原因。因此，材料的产烟毒性对于其火安全性至关重要。试验结果表明，两种纤维复合 SiO_2 气凝胶防火隔音保温材料的烟气毒性很低。其中，A-2#产烟毒性危险等级达到 AQ_1 级，B-1#产烟毒性危险等级达到 AQ_2 级（见表 8.3），硅酸铝纤维复合 SiO_2 气凝胶防火隔音保温材料在产烟毒性安全方面略优于玻璃纤维复合 SiO_2 气凝胶防火隔音保温材料。

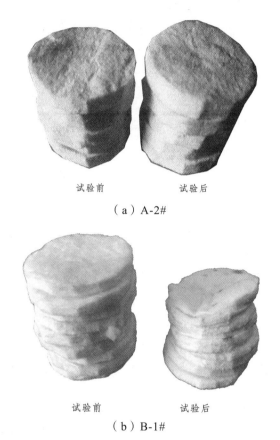

试验前　　　　　　　　试验后

（a）A-2#

试验前　　　　　　　　试验后

（b）B-1#

图 8.10　防火隔音保温材料防火试验前后样品外观

表 8.3　防火隔音保温材料 A-2#和 B-1#的防火性能测试结果

样品编号	不燃性			总热值/（MJ/kg）	燃烧性能等级	产烟毒性危险等级
	炉内温升/°C	持续燃烧时间/s	质量损失率/%			
A-2#	1	0	1.3	0	A（A1）	AQ$_1$ 级
B-1#	0.8	0	5.86	0.1	A（A1）	AQ$_2$ 级

8.3.7　防火隔音保温多层复合材料的性能研究

前面制备的防火隔音保温材料虽然成型性较好，但是纤维表面的 SiO$_2$ 气凝胶粉化问题仍然较重，掉粉问题突出。为了提高材料的实用性，分别采用原位复合法（即在 SiO$_2$ 溶胶阶段加入玻纤布使其紧贴于硅酸铝纤维毡表面，凝胶干燥制得）和后粘接法（即在制备得到防火隔音保温材料后，利用胶粘剂将铝箔粘接于材料表面）制得防火隔音保温多层复合材料，通过表面复合层的阻隔作用抑制掉粉的问题。

图 8.11 所示为防火隔音保温多层复合材料 C#和 D#样品外观，从图中可以看出，材料表面经玻纤或铝箔包覆后，样品表面平整，并且掉粉问题得到很好的抑制。样品的组成和密度等参数见表 8.4，因玻纤布和粘接的铝箔密度大于中间层的防火隔音保温材料，样品经多层复合后，密度有所增加。C#和 D#样品密度分别为 0.27 g/cm^3 和 0.35 g/cm^3。

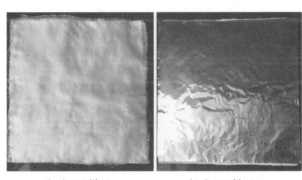

（a）C#样品　　　　（b）D#样品

图 8.11　防火隔音保温多层复合材料外观

表 8.4　防火隔音保温材料的基本参数

编号	样品组成	硅醇比*	样品密度/（g/cm^3）
C#	硅酸铝纤维、SiO$_2$ 气凝胶、玻纤布	1：16	0.27
D#	硅酸铝纤维、SiO$_2$ 气凝胶、铝箔、丙烯酸酯	1：16	0.35

注：*样品在制备过程中正硅酸乙酯与无水乙醇的投料比（按摩尔比计）。

为了考察复合层对样品隔热性能的影响，我们对样品进行了导热系数的测试，表 8.5 所示的试验结果表明，C#和 D#样品的导热系数相比于未经多层复合样品有所升高，分别为 0.037 W/（m·K）和 0.039 W/（m·K）。这是由于玻纤布和铝箔的导热性较好，导致材料的整体导热系数升高，但仍处于较低的导热水平。

表 8.5 防火隔音保温材料的基本参数

样品编号	导热系数[W/（m·K）]	产烟毒性危险等级
C#	0.037	AQ_1 级
D#	0.039	AQ_1 级

另外，经检测，防火隔音保温多层复合材料 C#和 D#样品的产烟毒性危险等级仍为 AQ_1 级，表明材料保持了较好的安全性。

8.4 本章小结

为了提高地铁列车车厢夹层防火隔音保温材料的防火安全性能，本研究分别以硅酸铝纤维和玻璃纤维为骨架材料，通过溶胶-凝胶、干燥工艺制备防火隔音保温材料，利用 SiO_2 气凝胶质轻、多孔结构的特点获得导热率低、防火和隔音性好的目标材料。具体结论如下：

（1）红外光谱分析表明，选择的溶胶-凝胶、干燥工艺成功制得 SiO_2 气凝胶，并且随着硅源投料的增加，材料的密度逐渐增加；纤维经溶胶-凝胶处理后，材料由柔软易折叠卷曲的毡子变为具有一定刚性的板材，扫描电镜结果显示，SiO_2 气凝胶附着纤维的表面，起到了刚性支撑作用。

（2）两种纤维复合 SiO_2 气凝胶防火隔音保温材料均具有良好的隔热保温性能，防火隔音保温材料随着 SiO_2 气凝胶含量的变化，硅酸铝纤维复合 SiO_2 气凝胶防火隔音保温材料的导热系数最低为 0.034 W/（m·K），相同硅醇投料比的玻璃纤维复合 SiO_2 气凝胶防火隔音保温材料的导热系数为 0.033 W/（m·K）。

（3）在隔音性方面，硅酸铝纤维复合 SiO_2 气凝胶防火隔音保温材料的隔音性能相比于纯硅酸铝毡明显提高，且随着声频的增加，隔音效果进一步增强，玻璃纤维复合 SiO_2 气凝胶防火隔音保温材料的隔音性能则相比于纯玻璃纤维毡无明显变化；在吸声性方面，SiO_2 气凝胶的附着增加了声波传播的空气流阻，并且其多孔结构增加了声波与材料接触的比表面积，导致更多的声能转化为热能而耗散掉，提高了材料的吸声性能。

（4）所制的两种纤维复合 SiO_2 气凝胶防火隔音保温材料耐高温，具有较好的热稳定性和防火性能，燃烧性能等级达到 A（A1）级，产烟毒性低。其中，硅酸铝纤维复合 SiO_2 气凝胶防火隔音保温材料的产烟毒性危险等级达到 AQ_1 级，略优于玻璃纤维复合 SiO_2 气凝胶防火隔音保温材料的 AQ_2 级。

（5）为解决防火隔音保温材料掉粉的难题，采用原位溶胶-凝胶复合和后粘接法分别制得玻纤布和铝箔包覆的防火隔音保温多层复合材料，较好地解决了材料掉粉的问题。测试结果表明，多层复合后，材料的密度和导热性均有所提升，但仍处于较低水平，并且产烟毒性危险等级为 AQ_1 级，保持了较好的安全性。

第9章
柔性硅橡胶绝缘阻燃耐火电缆研究

9.1 前 言

火灾是最为常见的灾害种类之一，重大火灾事故可严重危害人民生命财产和社会公共安全，随着高层建筑和地下建筑物大量涌现，火灾发生概率和防控难度也相应增大。2014—2016 年，全国年均接报火灾 35.5 万起，死亡 1 768 人，受伤 1 273 人，直接财产损失 44 亿元。从引发火灾的直接原因看，电气是引发火灾的首要原因，2007—2016 年，因违反电气安装使用规定等引发的火灾占总量的比例年均高达 30.5%。且在较大以上级别的火灾中，电气引发火灾所占比例更高，如 2015 年，较大火灾中有 55.9%是由于电气原因引发的。在各类电气引发的火灾中，电气线路是主要起火源，这就使得阻燃电线、电缆的研发与应用变得极为重要。

耐火电缆的性能直接关系到火灾中消防用电设备能否正常启动工作，关系到火灾中人员疏散和灭火救援工作能否顺利进行。目前，市场上广泛用于制造耐火电缆的耐火材料主要有两大类，一是氧化镁类，由其制备的矿物绝缘电缆（MI 电缆）具有耐火性能优异、无塑胶护套的产品可达到不燃 A 级且火灾中不产生有毒烟气等优点，但存在成本高、产品很难弯曲，生产、敷设工艺复杂等问题；二是云母带类，由其制备的云母绕包带耐火电缆比较柔软、成本较低，是目前生产应用最多的耐火电缆，但也存在生产效率低等问题。陶瓷化耐火硅橡胶是当前在耐火电缆中具有较好应用前景的第三类材料，自 Hanu 等在 2004 年报道了以 K_2O-Al_2O_3-SiO_2 和 K_2O-MgO-Al_2O_3-SiO_2 为填料的陶瓷化硅橡胶以来，国外学者开展了系列的研究工作，使用的成瓷材料包括白云母、云母、钛和镁的氧化物等，使用的助熔剂及其他填料包括低熔点玻璃粉、氧化硼、改性蒙脱土、碳纤维等。国内 2007 年左右开始有探索性研究报道。目前已有更多学者深入研究了不同配方的陶瓷化硅橡胶体系。但对陶瓷化耐火硅橡胶阻燃性能的研究报道还较少，从材料配方与性能表征到阻燃耐火电缆制备的全链条系统研究也较少报道，本研究通过陶瓷化、助熔与阻燃一体化技术，以混炼硅橡胶为基材，以阻燃瓷化粉为瓷化填充材料，开展了综合性能优良的陶瓷化柔性硅橡胶绝缘材料的研制工作，研究了陶瓷化柔性硅橡胶绝缘材料的力学性能、成瓷性能、热稳定性，研究了氢氧化铝、氢氧化镁、硼酸锌、硼酸钙、聚磷酸铵（APP）以及基于 APP 的三种膨胀型阻燃剂（IFR）对陶瓷化柔性硅橡胶绝缘的阻燃性能及陶瓷化性能等的影响，并系统研究陶瓷化柔性硅橡胶绝缘材料、电缆填充材料、护套材料及电缆构造等因素对电缆阻燃及耐火性能的影响。

9.2 实验部分

9.2.1 原料及试样制备

实验材料：甲基乙烯基硅橡胶（VMQ）、玻璃粉、硫化剂、氢氧化铝、氢氧化镁、硼酸锌、硼酸钙、聚磷酸铵及其他助剂，均为市购商品；瓷化粉 W 及基于 APP 的 3 种膨胀型阻燃剂自制。

实验仪器设备：开炼机（青岛鑫城一鸣橡胶机械有限公司）、平板硫化机（上海西玛伟力橡塑机械有限公司）、马弗炉（茋钲）、万能力学测试仪（Instron）。

9.2.2 样品的制备与表征

1. 样品制备

将甲基乙烯基硅橡胶、瓷化粉、硫化剂及其他助剂按配方称量，在开炼机上进行共混加工，混炼 15 ~ 30 min。将混合均匀的硅橡胶复合材料在平板硫化机上模压硫化成型，模压成型加工温度为 140 ~ 165 ℃。

2. 性能表征

（1）拉伸力学性能按照 ASTM/D 638 标准进行测试，测试采用 Instron 万能材料试验机，拉伸速率为 50 mm/min。

（2）弯曲强度测试采用 Instron 万能力学测试仪，按照《塑料 弯曲性能的测定》（GB/T 9341—2008）标准进行测试，加载速率为 5 mm/min，将硅橡胶材料制成 80 mm×10 mm×4 mm 的样条，并放入马弗炉中在 1 000 ℃ 煅烧30 min 后得到弯曲强度测试样条。

（3）扫描电镜采用 SEM 0460 场发射扫描电子显微镜分析复合材料断面的微观结构。

（4）硬度测试采用邵尔橡胶硬度计，根据《硫化橡胶或热塑性橡胶压入硬度试验方法邵氏硬度计法（邵尔硬度）》（GB/T 531.1—2008）标准进行测试。

（5）使用 SDT Q600 型热分析仪对硅橡胶样品进行 TGA 分析，升温速率为 10 ℃/min，氮气气氛，气体流速 60 mL/min，温度范围：室温～800 ℃。

（6）分别按照《塑料 用氧指数法测定燃烧行为 第 2 部分：室温试验》（GB/T 2406.2）和《塑料 燃烧性能的测定水平法和垂直法》（GB/T 2408）测试硅橡胶样品的氧指数和垂直燃烧性能。

（7）根据《建筑材料及制品的燃烧性能燃烧热值的测定》（GB/T 14402）测试硅橡胶样品的热值。

（8）电缆耐火性能根据《在火焰条件下电缆或光缆的线路完整性试验 第21 部分：试验步骤和要求 额定电压 0.6/1.0 kV 及以下电缆》（GB/T 19216.21—2003）（IEC 60331-21：1999，IDT）进行测试。

（9）电缆的阻燃性能根据标准《电缆及光缆燃烧性能分级》（GB 31247—2014）进行检验。

9.3   结果与讨论

9.3.1   瓷化粉 W 对硅橡胶高温成瓷后弯曲强度的影响

为了研究瓷化粉 W 含量对材料陶瓷化性能的影响，制备了不同瓷化粉含量的陶瓷化柔性硅橡胶绝缘材料，配方见表 9.1。硅橡胶-W1～硅橡胶-W7 的模压弯曲样条在 1 000 ℃ 的高温中煅烧 30 min，并将煅烧后的样条(见图 9.1)进行弯曲性能测试,通过煅烧后样条的弯曲强度大小判断其成瓷性能的优劣。硅橡胶-W1～硅橡胶-W7 煅烧后瓷化物的弯曲强度见表 9.2。

表 9.1　陶瓷化柔性硅橡胶绝缘材料的基本配方

名　　称	VMQ/g	瓷化粉 W/g
硅橡胶-W1	300	100
硅橡胶-W2	300	150
硅橡胶-W3	300	200
硅橡胶-W4	300	250
硅橡胶-W5	300	300
硅橡胶-W6	300	350
硅橡胶-W7	300	400

表 9.2　陶瓷化柔性硅橡胶绝缘材料成瓷后弯曲强度性能参数

名　　称	弯曲强度/MPa
硅橡胶-W1	4.3
硅橡胶-W2	7.8
硅橡胶-W3	7.9
硅橡胶-W4	8.3
硅橡胶-W5	13.7
硅橡胶-W6	15.1
硅橡胶-W7	15.3

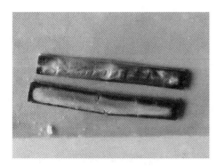 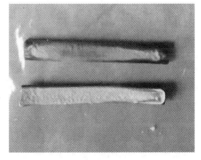

（a）硅橡胶-W1　　　　　　　　　（b）硅橡胶-W2

（c）硅橡胶-W3 弯曲强度测试后

（d）硅橡胶-W4 弯曲强度测试后

（e）硅橡胶-W5 弯曲强度测试后

（f）硅橡胶-W6 弯曲强度测试后

（g）硅橡胶-W7 弯曲强度测试后

图 9.1　陶瓷化柔性硅橡胶绝缘材料煅烧后成瓷效果

根据图 9.1、表 9.2 分析可知，在所测试的上述样品中，当瓷化粉 W 用量为 25.0 wt%时，所制备的硅橡胶-W1 煅烧后瓷化物弯曲强度最低为4.3 MPa；随着瓷化粉 W 含量的增加，煅烧后瓷化物的弯曲强度逐渐增加，当瓷化粉 W 用量为 33.3 wt%时，瓷化物的弯曲强度为 7.8 MPa，当瓷化粉 W 用量为 40.0 wt%时，瓷化物的弯曲强度为 7.9 MPa，当瓷化粉 W 用量为45.5 wt%时，瓷化物的弯曲强度为 8.3 MPa，当瓷化粉 W 用量为 50.0 wt%时，瓷化物的弯曲强度为 13.7 MPa，当瓷化粉 W 用量为 53.8 wt%时，瓷化物的弯曲强度为 15.1 MPa，当瓷化粉 W 用量为 57.1 *wt%*时，瓷化物的弯曲强度为 15.3 MPa。即当瓷化粉含量为 33.3 *wt%*时，所制备的陶瓷化柔性硅橡胶绝缘材料煅烧后瓷化物的弯曲强度就已经大于 7 MPa，实现非常好的陶瓷化效果。

9.3.2 瓷化粉 W 对硅橡胶力学性能的影响

1. 瓷化粉 W 含量对材料拉伸力学性能的影响

为了研究瓷化粉含量对材料物理机械性能的影响，对硅橡胶-W1 ~ 硅橡胶-W7 的模压力学样条进行了力学性能测试，结果见表 9.3。

表 9.3　陶瓷化柔性硅橡胶绝缘材料力学性能参数

名　　称	拉伸强度/MPa	断裂伸长率/%
硅橡胶-W1	7.3	392.4
硅橡胶-W2	6.7	383.9
硅橡胶-W3	6.3	427.8
硅橡胶-W4	5.9	378.5
硅橡胶-W5	5.2	378.3
硅橡胶-W6	4.3	300.1
硅橡胶-W7	4.1	285.7

注：硫化工艺为 140 ℃，10 min，硫化剂及其他助剂用量固定。

从表 9.3 可以看出，当瓷化粉 W 添加量为 25.0 *wt%*，硅橡胶-W1 具有比较高的拉伸强度为 7.3 MPa，随着瓷化粉 W 添加量的增加，材料的拉伸强度降低，瓷化粉 W 含量为 33.3 *wt%*、40.0 *wt%*、45.5 *wt%*、50.0 *wt%*、53.8 *wt%*、57.1 *wt%*时，拉伸强度分别为 6.7 MPa、6.3 MPa、5.9 MPa、5.2 MPa、4.3 MPa、4.1 MPa。除了硅橡胶-W3 外，陶瓷化柔性硅橡胶绝缘材料断裂伸长率整体上呈现下降趋势，但是在瓷化粉 W 添加量高达 57.1 *wt%*时，材料的伸长率还是高达 285.7%。即便添加 50.0 *wt%*的高含量瓷化粉 W，材料的拉伸强度仍然满足现行电缆标准中的要求（《额定电压 450/750V 及以下橡皮绝缘电缆 第 1 部分：一般要求》（GB/T 5013.1）中要求硅橡胶：拉伸强度 5 MPa，伸长率 150%）。

2. 硫化温度对材料拉伸力学性能的影响

控制瓷化粉 W 含量为 40 *wt*%，其他助剂含量固定，改变硫化温度，测试拉伸性能变化情况见表 9.4。

表 9.4　陶瓷化柔性硅橡胶绝缘材料力学性能随硫化温度的变化

名　称	硫化温度/°C	拉伸强度/MPa	断裂伸长率/%
硅橡胶-W3-145	145	6.3	311.9
硅橡胶-W3-155	155	6.6	413.0
硅橡胶-W3-165	165	7.1	361.0
硅橡胶-W3-175	175	6.5	309.9
硅橡胶-W3-185	185	6.7	358.8

注：该表中强度和伸长率以强度最大值的样品计。

由表 9.4 中数据可知，当硫化温度为 165 °C 时，陶瓷化柔性硅橡胶绝缘材料可获得较高的拉伸强度。

3. 硫化剂含量对材料拉伸力学性能的影响

控制瓷化粉 W 含量为 40 *wt*%，其他助剂含量固定，改变硫化剂含量，测试拉伸性能变化情况见表 9.5。

表 9.5　陶瓷化柔性硅橡胶绝缘材料力学性能随硫化剂用量的变化

名　称	硫化剂含量/%	拉伸强度/MPa	断裂伸长率/%
硅橡胶-W3-0.25%	0.25	4.7	616.2
硅橡胶-W3-0.50%	0.50	6.7	470.0
硅橡胶-W3-0.75%	0.75	6.4	371.2
硅橡胶-W3-1.00%	1.00	6.5	344.7
硅橡胶-W3-1.25%	1.25	6.2	300.4
硅橡胶-W3-1.50%	1.50	5.8	249.3
硅橡胶-W3-2.00%	2.00	5.5	218.3

注：硫化工艺：165 °C，10 min。

由表中数据分析可知，随着硫化剂含量的增加，陶瓷化柔性硅橡胶绝缘材料的拉伸强度先增加，后降低；而材料的断裂伸长率则是随着硫化剂含量的增加逐步降低。研究表明，对于陶瓷化柔性硅橡胶绝缘材料，硫化剂含量控制在 0.50% ~ 1.25% 是比较合适的，在这个用量范围内，40 wt% 含量瓷化粉制备的陶瓷化柔性硅橡胶绝缘材料的拉伸强度为 6.2 ~ 6.7 MPa，伸长率为 300.4% ~ 470.0%。

9.3.3 陶瓷化柔性硅橡胶成瓷后的微观形貌分析

为了研究陶瓷化柔性硅橡胶绝缘材料成瓷之后的微观形貌，对硅橡胶-W1、硅橡胶-W3、硅橡胶-W7 进行了扫描电镜分析，分析结果如图 9.2 所示。

（a）硅橡胶-W1（1 000 倍）　　（b）硅橡胶-W1（3 000 倍）　　（c）硅橡胶-W1（5 000 倍）

（d）硅橡胶-W3（1 000 倍）　　（e）硅橡胶-W3（3 000 倍）　　（f）硅橡胶-W3（5 000 倍）

（g）硅橡胶-W7（1 000 倍）　　（h）硅橡胶-W7（3 000 倍）　　（i）硅橡胶-W7（5 000 倍）

图 9.2　陶瓷化柔性硅橡胶绝缘材料成瓷后断面的 SEM 图

添加瓷化粉 W 的硅橡胶-W1、硅橡胶-W3、硅橡胶-W7 三个样品煅烧后，瓷化物断面的 SEM 测试表明，截面都是比较平整的连续相，孔洞较少，表明在烧结过程中，助熔材料和骨架材料都均匀地黏结在一起。并且瓷化物断面中可以看到明显的纤维状物质，以及纤维断裂拉拔的现象，且随着阻燃瓷化粉含量增加，纤维状物质增多，这也是其瓷化物弯曲强度增加的重要因素。

9.3.4　瓷化粉 W 对硅橡胶热稳定性的影响

图 9.3 所示为各样品在氮气气氛下的 TG 曲线和 DTG 曲线。从图中可知主要的热分解参数有：热失重 5 wt%时的分解温度（$T_{5\%}$），定义为样品的初始分解温度；最大失重速率时的温度（T_{max}）；以及样品在 600 ℃ 下的残留物质量百分数数据（wt_R^{600}）。各样品的上述热分解参数见表 9.6。

表 9.6　陶瓷化柔性硅橡胶绝缘材料的 TGA 测试数据

名　　称	$T_{5\%}$/ ℃	T_{max1}/ ℃	T_{max2}/ ℃	T_{max3}/℃	wt_R^{600}（%）
VMQ 基材	441.9	—	566.9	—	41.6
硅橡胶-W1	451.3	468.6	666.2	735.0	84.6
硅橡胶-W2	461.5	463.0	665.0	750.5	86.1
硅橡胶-W3	460.9	463.9	663.2	752.4	86.8
硅橡胶-W4	445.8	463.2	662.4	757.2	82.2
硅橡胶-W5	464.3	454.7	660.7	749.8	87.7
硅橡胶-W6	470.8	454.2	658.9	750.1	88.8
硅橡胶-W7	470.3	449.0	657.7	752.4	88.9

在氮气气氛下，硅橡胶基材的 DTG 曲线只有一个分解峰，说明是一步分解的过程。而硅橡胶-W1 ~ 硅橡胶-W7 的 DTG 曲线都有 3 个峰，为三步分解过程，其第二个峰对应的分解阶段为主要分解阶段，随着瓷化粉 W 含量的增加，第三个峰呈现增强的趋势，表明瓷化粉 W 的加入改变了整个复合材料的热分解机理。硅橡胶基材的初始分解温度为 441.9 ℃，瓷化粉 W 的加入提高了陶瓷化柔性硅橡胶绝缘材料的初始分解温度，硅橡胶-W1 ~ 硅橡胶-W7 的初始分解温度为 445.8 ~ 470.8 ℃。硅橡胶基材的在 600 ℃ 下的残留物质量百分数 wt_R^{600} 为 41.6%，瓷化粉 W 的加入大幅度提高了陶瓷化柔性硅橡胶绝缘材

料的 wt_R^{600}。瓷化粉 W 含量为 25 $wt\%$时，硅橡胶-W1 的 wt_R^{600} 为 84.6%（该数据甚至远高于 41.6% + 25%），表明该瓷化粉体系提高了对硅橡胶分解产物 SiO_2 的捕捉能力；瓷化粉 W 含量为 33.3 $wt\%$时，硅橡胶-W2 的 wt_R^{600} 为 86.1%；瓷化粉 W 含量为 40 $wt\%$时，硅橡胶-W3 的 wt_R^{600} 为 86.8%；即当瓷化粉含量达到 33.3 wt%时，进一步增加瓷化粉 W 用量，其 wt_R^{600} 的增加不再明显。

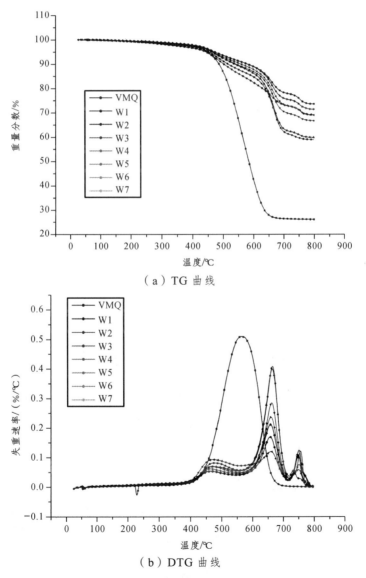

（a）TG 曲线

（b）DTG 曲线

图 9.3　陶瓷化柔性硅橡胶绝缘材料的 TG 和 DTG 曲线

9.3.5 瓷化粉 W 对硅橡胶硬度的影响

硅橡胶-W1～硅橡胶-W7 的硬度变化趋势如图 9.4 所示。由图分析可知,随着硅橡胶中瓷化粉 W 含量的增加,陶瓷化柔性硅橡胶绝缘材料硬度呈近似线性增加的趋势。

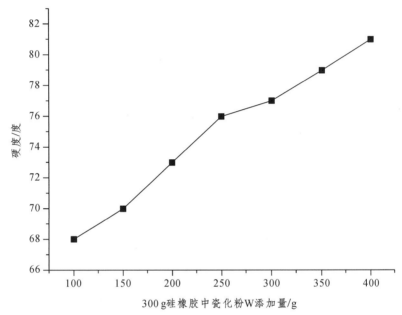

图 9.4 陶瓷化柔性硅橡胶绝缘材料硬度随瓷化粉 W 添加量的变化曲线

9.3.6 阻燃剂对材料陶瓷化性能的影响研究

阻燃陶瓷化柔性硅橡胶绝缘材料的基本配方见表 9.7,硅橡胶-ZR1～硅橡胶-ZR8 的模压片材在 1 000 ℃ 的高温中煅烧 30 min,煅烧后的样条陶瓷化情况如图 9.5 所示。

表 9.7 阻燃陶瓷化柔性硅橡胶绝缘材料的基本配方

名 称	VMQ/g	瓷化粉 W/g	阻燃剂/g	阻燃剂种类
硅橡胶 - ZR1	500	400	100	氢氧化铝
硅橡胶 - ZR2	500	400	100	氢氧化镁
硅橡胶 - ZR3	500	400	100	硼酸锌

续表

名　称	VMQ/g	瓷化粉 W/g	阻燃剂 /g	阻燃剂种类
硅橡胶 - ZR4	500	400	100	硼酸钙
硅橡胶 - ZR5	500	400	100	APP
硅橡胶 - ZR6	500	400	100	APP/双季戊四醇
硅橡胶 - ZR7	500	400	100	APP/TT1.67
硅橡胶 - ZR8	500	400	100	APP/TD1.67

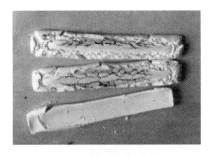

（a）硅橡胶-ZR1

（b）硅橡胶-ZR2

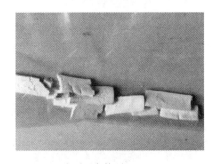

（c）硅橡胶-ZR3

（d）硅橡胶-ZR4

（e）硅橡胶-ZR5

（f）硅橡胶-ZR6

（g）硅橡胶-ZR7　　　　　　　　　　（h）硅橡胶-ZR8

（i）硅橡胶-ZR5 碳化现象　　　　　　（j）硅橡胶-ZR6 碳化现象

（k）硅橡胶-ZR7 碳化现象　　　　　　（l）硅橡胶-ZR8 碳化现象

图 9.5　阻燃陶瓷化柔性硅橡胶绝缘材料煅烧后成瓷效果

　　由图 9.5 分析可知，陶瓷化柔性硅橡胶绝缘材料，即便添加 10 *wt%* 的无卤阻燃剂，材料的陶瓷化性能也受到了一定的损害，难以获得用于弯曲强度测试的标准样条。氢氧化铝、氢氧化镁、硼酸锌、硼酸钙 4 种无机阻燃剂的加入使瓷化材料碎片化，其中含氢氧化铝的样品煅烧后开裂膨胀最为严重，这可能与无机阻燃剂的分解温度有关,氢氧化铝的初始分解温度相对较低(约为 230 ℃),而氢氧化镁、硼酸锌的初始分解温度在 300 ℃ 以上,分解温度越低,就越早分解释放出 H_2O,在陶瓷化物还没稳定形成时,就破坏了材料的瓷化性能。对于膨胀型阻燃剂体系,其分解膨胀不仅使材料陶瓷化后的样品开裂,还产生大量的含碳物质,这对材料用于耐火电缆也是很不利的。也就是说本研究采用的几种常规的无卤阻燃剂[氢氧化铝、氢氧化镁、硼酸锌、硼酸钙、聚磷酸铵（APP）],以及基于 APP 的 3 种膨胀型阻燃剂（IFR),加入陶瓷化硅橡胶中,都会损害材料的瓷化性能,存在阻燃与陶瓷化相矛盾的问题。

9.3.7 阻燃剂对硅橡胶力学性能的影响

硅橡胶-ZR1 ~ 硅橡胶-ZR8 的物理机械性能见表 9.8。

表 9.8　阻燃陶瓷化柔性硅橡胶绝缘材料力学性能参数

名　　称	拉伸强度/MPa	断裂伸长率/%
硅橡胶-ZR1	5.5	395.9
硅橡胶-ZR2	4.8	378.8
硅橡胶-ZR3	4.8	368.4
硅橡胶-ZR4	5.1	381.8
硅橡胶-ZR5	4.5	337.2
硅橡胶-ZR6	4.2	345.8
硅橡胶-ZR7	3.5	307.8
硅橡胶-ZR8	4.3	321.3

注：硫化工艺为 165 ℃, 10 min。

瓷化粉 W 含量 50 *wt*%的样品,硅橡胶- W5,其拉伸强度为 5.2 MPa,伸长率为 378.3%。从表 9.8 中可以看出,当瓷化粉 W 添加量在 40 *wt*%,阻燃剂含量 10 *wt*%时（总量 50 *wt*%）,只有硅橡胶-ZR1 的拉伸强度高于硅橡胶-W5,表明该氢氧化铝阻燃剂比瓷化粉 W 具有更好的分散性能。硅橡胶- ZR4 的拉伸强度还能够保持在 5.0 MPa 以上,表明硼酸钙具有与瓷化粉 W 相似的分散性能,而其余样品的拉伸强度均低于 5.0 MPa。

9.3.8　阻燃剂对硅橡胶热稳定性的影响

图 9.6 所示为各样品在氮气气氛下的 TG 曲线和 DTG 曲线，热分解参数见表 9.9。

表 9.9　阻燃陶瓷化柔性硅橡胶绝缘材料的 TGA 测试数据

名　称	$T_{5\%}$/℃	$T_{\max 1}$/℃	$T_{\max 2}$/℃	$T_{\max 3}$/℃	wt_{R}^{600}/%
硅橡胶 - ZR1	391.0	304.1	520.7	742.3	69.6
硅橡胶 - ZR2	372.9	412.5	658.4	745.8	76.2
硅橡胶 - ZR3	429.7	420.6	514.6	748.4	71.8
硅橡胶 - ZR4	428.5	465.2	644.2	756.1	74.7
硅橡胶 - ZR5	284.2	330.7	—	—	54.0
硅橡胶 - ZR6	304.0	326.1	—	—	55.2
硅橡胶 - ZR7	297.7	326.3	—	—	53.9
硅橡胶 - ZR8	305.0	327.6	—	—	54.1
硅橡胶 -W3	460.9	463.9	663.2	752.4	86.8

在氮气气氛下，所有添加无机阻燃剂的样品，硅橡胶-ZR1 ~ 硅橡胶- ZR4 的 DTG 曲线上基本都出现了 3 个峰，表明是三步分解的过程。所有添加 APP 及基于 APP 的膨胀型阻燃剂的样品，硅橡胶-ZR5 ~ 硅橡胶- ZR8 的 DTG 曲线上都只有一个分解峰，说明是一步分解的过程。瓷化粉 W 含量为 40 wt% 的样品（硅橡胶-W3）的初始分解温度 460.9 ℃，加入 10 wt% 的无机阻燃剂之后，样品的初始分解温度明显降低，而当阻燃剂为 10 wt% 的 APP 或基于 APP 的膨胀型阻燃剂时，样品初始分解温度的降幅超过 100℃。瓷化粉 W 含量为 40 wt% 的样品（硅橡胶-W3）在 600 ℃ 下的残留物质量百分数 wt_{R}^{600} 为 86.8%，加入 10 wt% 的无机阻燃剂之后，wt_{R}^{600} 大幅度降低，而当阻燃剂为 10 wt% 的 APP 或基于 APP 的膨胀型阻燃剂时，wt_{R}^{600} 进一步降低，降幅超过 30%。这一结果与阻燃剂对陶瓷化性能损害程度趋势是一致的。

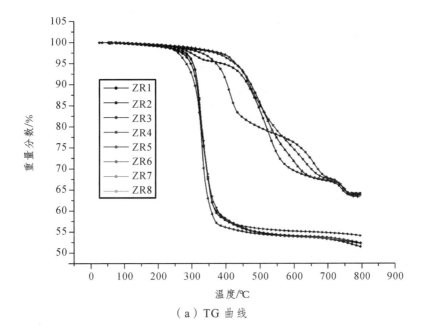

（a）TG 曲线

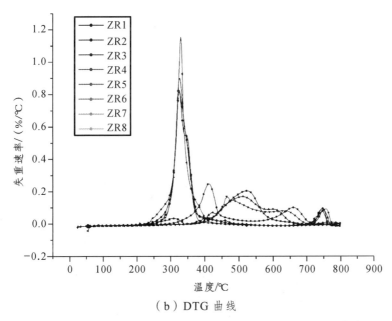

（b）DTG 曲线

图 9.6　阻燃陶瓷化柔性硅橡胶绝缘材料的 TG 和 DTG 曲线

9.3.9 阻燃剂对硅橡胶硬度的影响

表 9.10 列出了硅橡胶-ZR1 ~ 硅橡胶-ZR8 的硬度性能参数。由表中数据对比分析可知，不同阻燃剂在相同添加量时，含膨胀型阻燃剂的样品的硬度略高于含无机阻燃剂样品的硬度。

表 9.10 阻燃陶瓷化柔性硅橡胶绝缘材料的硬度参数

名 称	硬度/度
硅橡胶 - ZR1	76
硅橡胶 - ZR2	75
硅橡胶 - ZR3	77
硅橡胶 - ZR4	77
硅橡胶 - ZR5	78
硅橡胶 - ZR6	76
硅橡胶 - ZR7	79
硅橡胶 - ZR8	79

9.3.10 陶瓷化柔性硅橡胶绝缘材料的阻燃性能

1. 陶瓷化柔性硅橡胶绝缘材料的热值

材料燃烧总热值（PCS）是指单位材料完全燃烧后且产物中的水凝结为液态时放出的热量，在一定程度上可以表征材料在火灾中的作用。陶瓷化柔性硅橡胶绝缘材料和阻燃陶瓷化柔性硅橡胶绝缘材料的 PCS 测试数据见表 9.11 和表 9.12。

表 9.11 陶瓷化柔性硅橡胶绝缘材料的热值测试数据

名 称	PCS/（MJ/kg）
VMQ 基材	16.2
硅橡胶-W1	15.0
硅橡胶-W2	13.3
硅橡胶-W3	11.9
硅橡胶-W4	10.9
硅橡胶-W5	10.0
硅橡胶-W6	9.2
硅橡胶-W7	12.8

表 9.12 阻燃陶瓷化柔性硅橡胶绝缘材料的热值测试数据

名　称	PCS/（MJ/kg）
硅橡胶 - ZR1	9.8
硅橡胶 - ZR2	10.0
硅橡胶 - ZR3	9.8
硅橡胶 - ZR4	10.0
硅橡胶 - ZR5	10.3
硅橡胶 - ZR6	10.8
硅橡胶 - ZR7	10.7
硅橡胶 - ZR8	10.7

由表 9.11 中数据分析可知，混炼硅橡胶基材的热值最大为 16.2 MJ/kg，表明混炼硅橡胶基材与陶瓷化柔性硅橡胶绝缘材料相比，具有更高的潜在火灾危险性，在火灾发生后，特别是有外部火源的情况下，单位质量的混炼硅橡胶基材会对整个火灾的蔓延提供更多的热量。随着瓷化粉 W 含量的增加，陶瓷化柔性硅橡胶绝缘材料的热值基本呈现下降的趋势（硅橡胶-W7 除外，可能是测试样品不均匀造成的），瓷化粉 W 含量为 40 *wt*%的样品（硅橡胶-W3）的热值为 11.9 MJ/kg，瓷化粉 W 含量为 50 *wt*%的样品（硅橡胶-W5）的热值为 10.0 MJ/kg。

由表 9.12 中数据分析可知，瓷化粉 W 含量为 40 *wt*%，无机阻燃剂氢氧化铝、氢氧化镁、硼酸锌、硼酸钙含量为 10 *wt*%时，阻燃陶瓷化柔性硅橡胶绝缘材料的热值为 9.8～10.0 MJ/kg，差别不大，这一数据与瓷化粉 W 含量为 50 *wt*%的样品（硅橡胶-W5）的热值数据相近，表明瓷化粉 W 在降低材料热值方面，与无机阻燃剂氢氧化铝、氢氧化镁、硼酸锌、硼酸钙具有相似的效果。

瓷化粉 W 含量为 40 *wt*%，APP 或者膨胀型阻燃剂含量为 10 *wt*%时，阻燃陶瓷化柔性硅橡胶绝缘材料的热值为 10.3～10.8 MJ/kg，略高于硅橡胶-W5以及含 10 *wt*%无机阻燃剂的样品，这是膨胀型阻燃剂自身所含有机物组分造成的。

2. 陶瓷化柔性硅橡胶绝缘材料的氧指数

极限氧指数（LOI）是指在规定的实验条件下，材料在氧气和氮气的混合气流中刚好能维持蜡烛式向下燃烧所需要的最低氧气浓度，以氧气所占的体积百分比表示。LOI 值可表征材料燃烧时自熄的难易程度，材料的 LOI 值越大表明材料的阻燃性能越好，若材料的 LOI 值大于 26%则可认为具有自熄性。陶瓷化柔性硅橡胶绝缘材料和阻燃陶瓷化柔性硅橡胶绝缘材料的氧指数测试数据见表 9.13 和表 9.14。

由表 9.13 中数据分析可知，混炼硅橡胶基材的氧指数最低，为 23.2%；加入瓷化粉 W，可以提高陶瓷化柔性硅橡胶绝缘材料的氧指数。瓷化粉 W 含量为 40 *wt*%的样品（硅橡胶-W3）的氧指数为 26.3%；瓷化粉 W 含量为 50 *wt*%的样品（硅橡胶-W5）的氧指数为 27.0%，均可以认为是具有自熄性的材料。

由表 9.14 中数据分析可知，瓷化粉 W 含量为 40 *wt*%，无机阻燃剂氢氧化铝、氢氧化镁、硼酸锌、硼酸钙含量为 10 *wt*%时，阻燃陶瓷化柔性硅橡胶绝缘材料的氧指数在 26.6%~27.7%，与瓷化粉 W 含量为 50 *wt*%的样品（硅橡胶-W5）的氧指数（27.0%）数据相近，表明瓷化粉 W 配方在提高材料氧指数方面，与无机阻燃剂氢氧化铝、氢氧化镁、硼酸锌、硼酸钙具有相似的作用，因此，可称之为"阻燃瓷化粉"。

瓷化粉 W 含量为 40 wt%，APP 或者膨胀型阻燃剂含量为 10 *wt*%时，阻燃陶瓷化柔性硅橡胶绝缘材料的氧指数在 28.0%~30.0%，均高于硅橡胶-W5以及含 10 *wt*%无机阻燃剂样品的 LOI，表明膨胀型阻燃剂对硅橡胶的阻燃效率高于上述无机阻燃剂。采用自制的"阻燃瓷化粉"，在不添加传统阻燃剂的情况下，可制备出综合性能优异的阻燃陶瓷化柔性硅橡胶绝缘材料，材料拉伸强度大于 7.0 MPa，氧指数在 33.6%~39.5%。

表 9.13　陶瓷化柔性硅橡胶绝缘材料的氧指数测试数据

名　　称	LOI 值/%
VMQ 基材	23.2
硅橡胶-W1	26.2
硅橡胶-W2	24.7
硅橡胶-W3	26.3
硅橡胶-W4	27.3
硅橡胶-W5	27.0
硅橡胶-W6	27.8
硅橡胶-W7	28.7

表 9.14　阻燃陶瓷化柔性硅橡胶绝缘材料的氧指数测试数据

名　称	LOI 值/%
硅橡胶 - ZR1	27.1
硅橡胶 - ZR2	27.4
硅橡胶 - ZR3	26.6
硅橡胶 - ZR4	27.7
硅橡胶 - ZR5	28.0
硅橡胶 - ZR6	30.0
硅橡胶 - ZR7	29.0
硅橡胶 - ZR8	28.5

3. 不燃陶瓷化填充层材料的研制

采用自制的"阻燃瓷化粉"，通过陶瓷化、助熔与阻燃一体化技术，配以不燃性助剂，制备了一种电缆填充层用不燃性陶瓷化材料（记为 CS-A）。所研制的电缆填充层用不燃性陶瓷化材料，燃烧性能等级达到 A 级，可通过常规螺杆挤出设备进行加工包覆线芯。

9.3.11　聚丙烯多孔填充材料对电缆阻燃性能的影响

在电线电缆的制作中，通常采用耐火硅橡胶材料作为绝缘层，也有将其作内护套或者填充层的。使用耐火硅橡胶作为绝缘层相比云母绕包带和矿物氧化镁绝缘的优势在于，能够使用螺杆挤出机只通过一道工序便能将耐火硅橡胶成功包覆于导体上，生产工艺更为简洁高效。采用自主研发的陶瓷化柔性硅橡胶，将其包覆于电缆导体上，并对线缆进行阻燃测试及火焰条件下的线路完整性测试，包覆工艺为：将制备好的陶瓷化柔性硅橡胶绝缘材料放入橡胶挤出机中，通过单螺杆传输将硅橡胶包覆于铜芯导体上，采用热硫化定型，硫化箱长度为 24 m，分 4 段硫化，每段的硫化温度分别为 300 ℃、240 ℃、180 ℃、140 ℃，最后制成成品电缆。A-1 电缆结构由外到内为：低烟无卤阻燃聚烯烃护套、玻纤布包带、聚丙烯多孔材料填充、陶瓷化柔性硅橡胶绝缘层（阻燃瓷化粉含量为 40 wt%）、铜芯导体；A-2 电缆结构由外到内为：低烟无卤阻燃聚烯烃护套、玻纤布包带、聚丙烯多孔材料填充、陶瓷化柔性硅橡胶绝缘层（阻燃瓷化粉含量为 35 wt%）、铜芯导体。电缆阻燃及耐火性能测试结果见表 9.15 和图 9.7。

由表 9.15 和图 9.7 分析可知，电缆尽管采用了阻燃护套材料，且绝缘层也具有阻燃性，但当填充材料为聚丙烯多孔材料时，在测试中火焰还是蔓延至测试样品顶部，A-1 电缆的最大碳化距离达到 2.9 m，A-2 电缆的最大碳化距离达到 2.7 m，均高于标准中关于 B_2 级规定的 2.5 m，且 A-2 电缆的热释放速率峰值大于 60 kW，受火 1 200 s 内的热释放总量 THR_{1200} 大于 30 MJ，这是由于 A-2 电缆的绝缘层阻燃性能低于 A-1 电缆的绝缘层。因而 A-1 及 A-2 电缆燃烧性能等级均为 B_3 级。按照 GB/T 19216.21—2003 测试 A-1 及 A-2 电缆的耐火性能，在受火温度为 950～1 000 °C，在受火 90 min，冷却 15 min 后，线路均保持完整性。

表 9.15 A-1 及 A-2 电缆阻燃耐火性能测试数据

检验项目	电缆编号	
	A-1	A-2
火焰蔓延/m	2.9	2.7
热释放速率峰值/kW	42	65
热释放总量/MJ	27	40
燃烧增长速率指数/（W/s）	78	73
产烟速率峰值/（m^2/s）	0.21	0.29
产烟总量/m^2	155	127
烟密度（最小透光率）/%	66	67
垂直火焰蔓延/mm	78	74
燃烧滴落物/微粒	d_2 级	d_2 级
烟气毒性/级	ZA_2	ZA_2
腐蚀性/pH 值	5.1	5.1
腐蚀性（电导率）/（μS/mm）	0.8	0.6
燃烧性能等级/级	B_3	B_3
电缆线路完整性	950～1 000 °C，90 min	950～1 000 °C，90 min

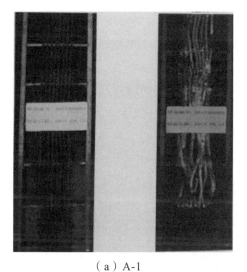 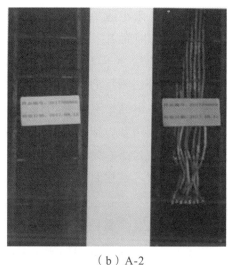

（a）A-1 （b）A-2

图 9.7 A-1 和 A-2 电缆阻燃测试前后对比

9.3.12 无机纤维填充材料及交联聚乙烯对电缆阻燃性能的影响

无机纤维材料填充是阻燃电缆及耐火电缆制备中最常见的填充方式,本小节采用自主研发的陶瓷化柔性硅橡胶作为绝缘层,无机纤维材料作为填充物,制备了两种电缆,并研究了有无交联聚乙烯层对电缆性能的影响。B-1电缆结构由外到内为:低烟无卤阻燃聚烯烃护套、玻纤布包带、无机纤维材料填充、陶瓷化柔性硅橡胶绝缘层、铜芯导体;B-2 电缆结构由外到内为:低烟无卤阻燃聚烯烃护套、玻纤布包带、无机纤维材料填充、交联聚乙烯层、陶瓷化柔性硅橡胶绝缘层、铜芯导体。电缆阻燃及耐火性能测试结果见表 9.16和图 9.8。

由表 9.16 和图 9.8 分析可知,当填充材料由聚丙烯多孔材料变为无机纤维材料时,电缆的阻燃性能大幅提高。在测试中火焰蔓延高度大幅降低,B-1电缆的最大碳化距离为 1.0 m,B-2 电缆的最大碳化距离为 0.9 m,均低于标准中关于 B_1 级规定的 1.5 m。B-1 及 B-2 电缆的热释放速率峰值均小于 30 kW,受火 1 200 s 内的热释放总量 THR_{1200} 均小于 15 MJ,燃烧增长速率指数 FIGRA均小于 150 W/s,产烟速率峰值均小于 0.25 m^2/s,受火 1 200 s 内的产烟总量

TSP_{1200} 均小于 50 m^2，单根电缆垂直火焰蔓延 H 均小于 425 mm，但 B-1 电缆的烟密度（最小透光率）I_t 大于 60%，而 B-2 电缆的烟密度（最小透光率）I_t 小于 60%，因而 B-1 电缆燃烧性能等级为 B_1 级，B-2 电缆燃烧性能等级为 B_2 级。B-1 电缆和 B-2 电缆燃烧性能等级附加信息均为（d_0、t_0、a_1），即都达到了附加分级判据的最高级别要求：1 200 s 内无燃烧滴落物/微粒，烟气毒性达 ZA_2 级，电导率不大于 2.5 μS/mm 且 pH 值不小于 4.3。对比 B-1 电缆和 B-2 电缆数据可知，增加交联聚乙烯层后，电缆燃烧时，热释放速率峰值、热释放总量、产烟总量均有所增大，烟密度（最小透光率）则大幅降低，这是由于交联聚乙烯层材料参与燃烧。按照 GB/T 19216.21—2003 测试 B-1 及 B-2 电缆的耐火性能，受火温度为 950 ~ 1 000 ℃，在受火 180 min，冷却 15 min 后，线路均保持完整性。

表 9.16　B-1 及 B-2 电缆阻燃耐火性能测试数据

检验项目	电缆编号	
	B-1	B-2
火焰蔓延/m	1.0	0.9
热释放速率峰值/kW	14	20
热释放总量/MJ	11	13
燃烧增长速率指数/（W/s）	47	25
产烟速率峰值/（m^2/s）	0.07	0.03
产烟总量/m^2	10	12
烟密度（最小透光率）/%	86	53
垂直火焰蔓延/mm	67	90
燃烧滴落物/微粒	d_0 级	d_0 级
烟气毒性/级	ZA_2	ZA_2
腐蚀性/pH 值	5.0	4.9
腐蚀性（电导率）/（μS/mm）	1.0	1.1
燃烧性能等级/级	B_1（d_0、t_0、a_1）	B_2（d_0、t_0、a_1）
电缆线路完整性	950 ~ 1 000 ℃，180 min	950 ~ 1 000 ℃，180 min

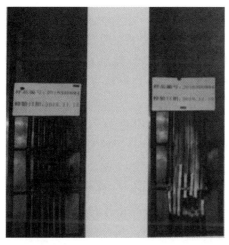

（a）B-1　　　　　　　　　　　（b）B-2

图 9.8　B-1 和 B-2 电缆阻燃测试前后对比

9.3.13　不燃性陶瓷化填充材料及交联聚乙烯对电缆阻燃性能的影响

采用自主研发的陶瓷化柔性硅橡胶作为绝缘层，不燃性陶瓷化材料（CS-A）作为填充，制备了两种电缆，并研究了有无交联聚乙烯层对电缆性能的影响。C-1 电缆结构由外到内为：低烟无卤阻燃聚烯烃护套、玻纤布包带、CS-A 填充、陶瓷化柔性硅橡胶绝缘层、铜芯导体；C-2 电缆结构由外到内为：低烟无卤阻燃聚烯烃护套、玻纤布包带、CS-A 填充、交联聚乙烯层、陶瓷化柔性硅橡胶绝缘层、铜芯导体。电缆阻燃及耐火性能测试结果见表 9.17 和图 9.9。

由表 9.17 和图 9.9 分析可知，当填充材料由无机纤维材料变为 CS-A 时，电缆的阻燃性能得到了进一步提高。在测试中火焰蔓延高度进一步降低，C-1 电缆的最大碳化距离为 0.7 m，C-2 电缆的最大碳化距离为 0.8 m，均低于标准中关于 B_1 级规定的 1.5 m。C-1 及 C-2 电缆的热释放速率峰值均小于 30 kW，受火 1 200 s 内的热释放总量 THR_{1200} 均小于 15 MJ，燃烧增长速率指数 FIGRA 均小于 150 W/s，产烟速率峰值均小于 0.25 m^2/s，受火 1200 s 内的产烟总量 TSP_{1200} 均小于 50 m^2，单根电缆垂直火焰蔓延 H 均远小于 425 mm，电缆的烟密度（最小透光率）I_t 均大于 60%，因而 C-1 电缆及 C-2 电缆的燃烧性能等级均为 B_1 级。

C-1 电缆和 C-2 电缆燃烧性能等级附加信息均为（d_0、t_0、a_1），即都达到了附加分级判据的最高级别要求：1 200 s 内无燃烧滴落物/微粒，烟气毒性达 ZA_2 级，电导率不大于 2.5 μS/mm 且 pH 值不小于 4.3。对比 C-1 电缆和 C-2 电缆数据可知，增加交联聚乙烯层后，电缆燃烧时，热释放速率峰值、热释放总量、产烟总量均有所增大，烟密度（最小透光率）仅略有降低，这由交联聚乙烯层材料参与燃烧所导致。对比 B-2 电缆和 C-2 电缆燃烧数据可知，在都有交联聚乙烯层的情况下，将填充材料由无机纤维材料替换为 CS-A 后，火焰蔓延高度由 0.9 m 降为 0.8 m，热释放速率峰值由 20 kW 降为 14 kW，热释放总量由 13 MJ 降为 11 MJ，烟密度（最小透光率）由 53% 提高到了 72%，燃烧性能等级由 B_2 级提高到了 B_1 级，表明不燃性陶瓷化材料 CS-A 是一种防火性能极为优异的电缆填充材料。

按照 GB/T 19216.21—2003 测试 C-1 及 C-2 电缆的耐火性能，受火温度为 950～1 000 ℃，在受火 180 min，冷却 15 min 后，线路均保持完整性。

表 9.17　C-1 及 C-2 电缆阻燃耐火性能测试数据

检验项目	电缆编号	
	C-1	C-2
火焰蔓延/m	0.7	0.8
热释放速率峰值/kW	9	14
热释放总量/MJ	7	11
燃烧增长速率指数/（W/s）	29	33
产烟速率峰值/（m^2/s）	0.03	0.10
产烟总量/m^2	2	14
烟密度（最小透光率）/%	73	72
垂直火焰蔓延/mm	68	82
燃烧滴落物/微粒	d_0 级	d_0 级
烟气毒性/级	ZA_2	ZA_2
腐蚀性/pH 值	5.1	5.0
腐蚀性（电导率）/（μS/mm）	0.9	1.0
燃烧性能等级/级	B_1（d_0、t_0、a_1）	B_1（d_0、t_0、a_1）
电缆线路完整性	950～1 000 ℃，180 min	950～1 000 ℃，180 min

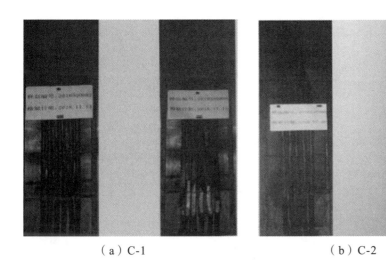

（a）C-1   （b）C-2

图 9.9   C-1 和 C-2 电缆阻燃测试前后对比

9.4   本章小结

通过陶瓷化、助熔与阻燃一体化技术，以混炼硅橡胶为基材，阻燃瓷化粉为瓷化填充材料，制备了综合性能优良的陶瓷化柔性硅橡胶绝缘材料，采用阻燃瓷化粉配以不燃性助剂，制备了一种电缆填充层用不燃性陶瓷化材料，实现了电缆低温陶瓷化与阻燃一体化技术。

（1）研制的陶瓷化柔性硅橡胶绝缘材料，经第三方检测，拉伸强度6.64 MPa，伸长率 415.0%，煅烧后瓷化物弯曲强度不小于 6.57 MPa；体积电阻率 2.2×10^{14} $\Omega \cdot cm$，电气强度 27.4 kV/mm；研制的电缆填充层用不燃性陶瓷化材料，燃烧性能等级达到 A1 级，可通过常规螺杆挤出设备进行加工包覆线芯。

（2）研制的柔性硅橡胶绝缘阻燃耐火电缆，采用无机纤维材料填充时，电缆的最大碳化距离为 1.0 m，热释放速率峰值为 14 kW，热释放总量为11 MJ，烟密度（最小透光率）为 86%，烟气毒性为 ZA_2 级，电缆的燃烧性能等级达 B_1（d_0、t_0、a_1）级，按照 GB/T 19216.21—2003 测试电缆的耐火性能，受火温度为 950 ~ 1 000 °C，在受火 180 min，冷却 15 min 后，线路保持完整性，合格。

（3）研制的柔性硅橡胶绝缘阻燃耐火电缆，采用不燃性陶瓷化材料填充时，电缆的最大碳化距离为 0.7 m，热释放速率峰值为 9 kW，热释放总量为

7 MJ，烟密度（最小透光率）为 73%，烟气毒性为 ZA_2 级，电缆的燃烧性能等级达 B_1（d_0、t_0、a_1）级，按照 GB/T 19216.21—2003 测试电缆的耐火性能，受火温度为 950～1 000 ℃，在受火 180 min，冷却 15 min 后，线路保持完整性，合格。

第10章

柔性防火挡烟帘研究

10.1 引 言

随着社会进步及城市的发展，地铁的作用越来越重要。地铁工程应具有防火灾、水淹、雷击、地震等灾害的措施，尤其以防火灾为主。南京工业大学的王振华等以南京地铁 1 号线车辆内典型可燃物分布等参数为基础，设计火灾场景，进行数值模拟计算。结果表明，典型地铁车厢着火时，燃烧类型为燃料表面控制型，火灾发展模式介于中速和快速之间（火灾增长因子约为 0.032 5 kW/s²），最大热释放速率达到 5 MW 时乘客在 6 min 内不能安全逃生，在不采取任何措施情况下火灾可持续约 8.9 h、最高火场温度约达 1 300 ℃，周围建（构）筑物存在延烧或坍塌危险。由此可见，地铁列车一旦发生火灾，火焰蔓延非常迅速，如果不采取必要的防火分隔措施，人员疏散和逃生将非常困难，很容易造成群死群伤事件。

目前，国内相关研究主要集中在列车部件防火结构设计、防护涂层及数值模拟计算方面，在地铁车厢间防烟防火分隔方面，缺乏相关的技术和产品。

现有的国外发达国家的轨道客车防火标准主要有《载客轨道客车设计与构造防火通用规范》（BS 6853：1999）、德国的《轨道车辆防火措施》（DIN 5510-2：2009）、国际铁路联盟的《铁路客车或国际铁路联运用同类车辆的防火和消防规则》（UIC 564-2：2000）、美国的《固定轨道交通和旅客铁路系统》（NFPA 130：2007）、法国的《关于铁道车辆用防火材料的选择》（NFF 16-101：1988）、欧洲的《轨道客车应用—铁道车辆防火保护》（EN 45545：2013）。这些标准均强调车辆的耐火性及对火焰和烟雾传播的控制。

本章针对目前地铁列车发展的迅猛趋势及防火防烟控制的必要性，开发一种地铁列车专用的柔性防火挡烟帘，在火灾发生时，可自动或手动降下，将火灾和烟气控制在一定范围内，为人员疏散和逃生创造有利条件。

另外针对目前地铁列车发展的迅猛趋势及防火防烟控制的必要性，起草标准《地铁列车防火挡烟帘防烟试验方法》，希望规范地铁列车防火挡烟帘的使用，并为地铁列车防火挡烟帘挡烟性能的测试提供参考方案。

10.2　防火挡烟帘的结构及控制系统

本章开发的防火挡烟帘系统，其结构形式如图 10.1 所示。

（a）防火挡烟帘系统主体结构　　　　（b）防火挡烟帘控制系统

（c）防火挡烟帘系统烟雾探测器

图 10.1　防火挡烟帘系统

10.3 试验装置及方法

10.3.1 火灾场景

主要考虑火灾起源于地铁列车中安装防火挡烟帘系统的一节车厢，随着火灾发展到一定程度，起火车厢内热烟气及火焰通过防火挡烟帘向邻近车厢蔓延。防火挡烟帘系统安装在起火车厢和相邻的另一节车厢之间。

10.3.2 试验规模及火源

1. 冷烟试验

地铁列车防火挡烟帘实体火灾试验在地铁车厢内进行，使用的防火挡烟帘安装在发烟车厢和测试车厢之间的连接处。防火挡烟帘安装及测试示意如图 10.2 所示。采用 5 块烟饼作为发烟源，烟饼平铺放置在地铁车厢（发烟车厢）地面的中心位置，烟饼放置位置如图 10.2（c）所示。试验中所用烟饼直径 70 mm，厚度 15 mm，发烟时间 2 min，成分为氯化铵 70%、松香 15%、面粉 15%。

透光率测试采用激光系统的烟密度计，其准确度为 ±1.0%。该烟密度计放置在与发烟车厢相邻的地铁列车车厢内（测试车厢），距离防火挡烟帘帘面水平距离 30 cm。烟密度计激光发射孔距车厢地面垂直距离 1.7 m，烟密度计发射端和接收端位于防火挡烟帘导轨的正前方，水平距离 1.45 m（即防火挡烟帘导轨之间的水平距离）。

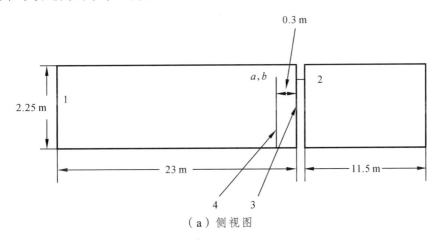

（a）侧视图

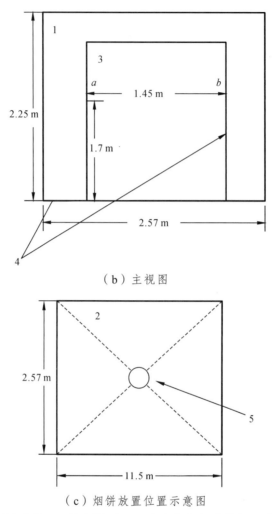

（b）主视图

（c）烟饼放置位置示意图

1—测试车厢；2—发烟车厢；3—防火挡烟帘；4—烟密度计（a 发射端；b 接收端）；5—烟饼。

图 10.2　防火挡烟帘安装及测试示意

　　试验步骤可简述为：试件安装就位，降下防火挡烟帘帘面；点燃 5 块烟饼，然后关闭所有地铁车厢门（包括测试车厢和发烟车厢），测试过程中保持地铁车厢门紧闭；关闭所有地铁车厢门后，烟密度计开始测量，此时开始计时。测试时间 30 min。

2. 柴油火试验

　　试验采用柴油作为燃烧物，火源功率为 0.5 MW。

3. 木垛火试验

试验采用木材（含水率低于 12% 的杉木）作为燃烧物，火源功率为 0.75 MW，木材全部切割成截面尺寸为 50 mm×50 mm 的木条，长度为 1 500 mm 和 1 000 mm 两种。

10.3.3 测量与监控仪器

1. 摄录设备

在起火车厢邻近的另一节车厢内，放置摄像机和照相机各一个，用于拍摄试验过程中防火挡烟帘系统的状况，如是否脱落、变形等，以及车厢内的烟雾及火焰蔓延情况。

2. 烟密度计

在起火车厢邻近的另一节车厢内，放置一组烟密度计（与防火挡烟帘系统帘面的水平距离为 30 cm），用于测试试验过程中的烟密度。

10.4 结果与分析

10.4.1 冷烟试验

1. 试验过程观察记录

实验过程中，发烟车厢充满烟雾，能见度极低，如图 10.3 所示。

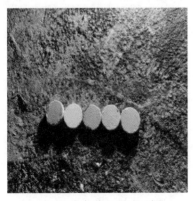

（a）试验中使用的烟饼　　　　　　　　（b）点火

（c）试验过程中发烟车厢

图 10.3　冷烟试验

发烟车厢和测试车厢之间虽然连通，但是由于防火挡烟帘的挡烟效果较好，地铁列车测试车厢内无可见烟雾，能见度保持不变。试验过程中测试车厢情况如图 10.4 所示。

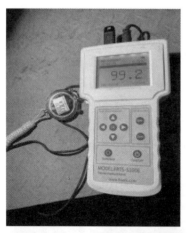

图 10.4　试验过程中测试车厢

2．烟密度

我们记录了冷烟试验过程中烟密度的变化情况，绘制曲线如图 10.5 所示。从图 10.5 可以看出，试验过程中，测试车厢内透光率大于 80%，能见度较高。冷烟试验证明，防火挡烟帘的挡烟时间超过 20 min，挡烟效果显著。

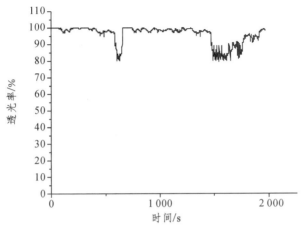

图 10.5   冷烟试验过程中烟密度随时间变化图

10.4.2   柴油火试验

1. 试验过程观察记录

柴油火试验共进行了 30 min，其过程如图 10.6 所示。从图 10.6 可以看出，试验过程中，防火挡烟帘系统保持了完整性，火焰未从起火车厢蔓延至邻近车厢。另外，火灾试验过程中，安装防火挡烟帘系统的车厢内能见度较高，烟雾量很少。

（a）火源（柴油，点火 0.5 min）

（b）点火 5 min

（c）点火 30 min

图 10.6　柴油火试验

2. 烟密度

记录柴油火试验过程中烟密度的变化情况，绘制曲线如图 10.7 所示。从图 10.7 可以看出，试验过程中，地铁车厢内烟密度在点火 25 min 左右达到最高值，透光率为 53%，随后烟密度逐渐降低。这主要是因为点火后，起火车厢内烟雾量逐渐增大，并通过防火挡烟帘系统向相邻车厢蔓延，因此相邻车厢内靠近防火挡烟帘系统的位置（即烟密度测试点位置）的烟密度逐渐升高。随着烟雾在相邻车厢内蔓延，烟密度测试点位置的烟雾量减少，因此烟密度逐渐降低，并最终达到稳定。

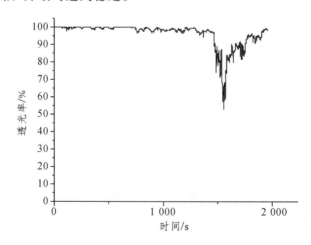

图 10.7　柴油火试验过程中烟密度随时间变化曲线

10.4.3 木垛火试验

1. 试验过程观察记录

木垛火试验共进行了 30 min，其过程如图 10.8 所示。从图 10.8 可以看出，火灾试验过程中，防火挡烟帘系统保持了完整性，火焰未从起火车厢蔓延至邻近车厢。另外，火灾试验过程中，安装防火挡烟帘系统的车厢内能见度较高，烟雾量很少。

（a）火源（木垛，点火前）

（b）点火 0.5 min

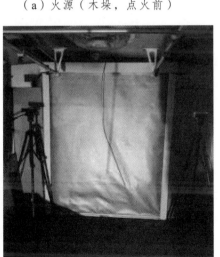

（b）点火 5 min

（b）点火 30 min

图 10.8 木垛火试验过程图片

2. 烟密度

记录木垛火试验过程中烟密度的变化情况，绘制曲线如图 10.9 所示。从图 10.9 可以看出，试验过程中，地铁车厢内烟密度在点火 4 min 左右达到最高值，透光率为 65%，随后烟密度逐渐降低。这主要是因为点火后，起火车厢内烟雾量逐渐增大，并通过防火挡烟帘系统向相邻车厢蔓延，因此相邻车厢内靠近防火挡烟帘系统的位置（即烟密度测试点位置）的烟密度逐渐升高。随着烟雾在相邻车厢内蔓延，烟密度测试点位置的烟雾量减少，因此烟密度逐渐降低，并最终达到稳定，此时，透光率为 85%。

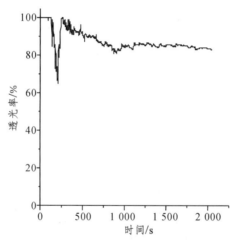

图 10.9　木垛火试验过程中烟密度随时间变化

10.5　样品检测

10.5.1　漏烟量检测

将防火挡烟帘样品送往国家防火建筑材料质量监督检验中心，按照标准《挡烟垂壁》（GA533—2012）测试样品的漏烟量，检测结果见表 10.1。

表 10.1 漏烟量测试结果

检测项目	标准条款号	标准要求	检验结果	结论
漏烟量 [m³/(m²·h)]	5.1.4、6.4	在（200±15）°C 的温度下，挡烟部件前后保持（25±5）Pa 的气体静压差时，其单位面积漏烟量（标准状态）不大于 25 m³/(m²·h)。	6	合格

检测结果显示，防火挡烟帘的漏烟量为 6 m³/(m²·h)，优于标准 GA 533—2012 要求漏烟量不大于 25 m³/(m²·h)，漏烟量检测合格。

10.5.2 耐火性能检测

将防火挡烟帘样品送往国家防火建筑材料质量监督检验中心，按照标准《挡烟垂壁》(GA 533—2012)测试样品的耐火性能，检测结果见表 10.2。

表 10.2 耐火性能测试结果

检验项目	标准条款号	标准要求	检验结果	结论
耐高温性能	5.1.5、6.5	挡烟垂壁在（620±20）°C 的高温作用下，保持完整性的时间不小于 30 min	30 min，符合要求	合格

检测结果显示，防火挡烟帘在测试条件下保持完整性超过 30 min，耐火性能检测合格。

10.5.3 挡烟性能检测

将防火挡烟帘样品送往国家防火建筑材料质量监督检验中心，按照《地铁列车防火挡烟帘防烟试验方法》测试样品的挡烟性能，检测结果见表 10.3。

表 10.3 挡烟性能测试结果

检验项目	标准条款号	标准要求	检验结果	结论
防烟性能	《地铁列车防火挡烟帘防烟试验方法》	在测试时间 20 min 内,测试车厢内透光率应不小于 50%	20 min 内,最小透光率为 71.2%	合格

检测结果显示,防火挡烟帘在测试条件下,20 min 内,最小透光率为 71.2%,优于标准要求的透光率不小于 50%,挡烟性能检测合格。

10.6 标准草案

根据试验结果,编制《地铁列车防火挡烟帘防烟试验方法》草案,见附录 1。

10.7 本章小结

本章研发了一种地铁列车专用的柔性防火挡烟帘系统,通过冷烟试验、柴油火试验及木垛火试验,得出以下结论:

(1)试验过程中,火焰未从起火车厢蔓延至相邻车厢;试验结束后,防火挡烟帘系统保持了完整性,说明该防火挡烟帘具有较好的防火性能。

(2)试验过程中,安装防火挡烟帘的车厢内,烟密度较低,透光率大于 50%,说明该防火挡烟帘系统具有较好的挡烟性能,挡烟时间超过 20 min。

(3)根据本章研究结果,形成了《地铁列车防火挡烟帘防烟试验方法》草案。

第 11 章

火灾试验 开放式量热计法 40MW以下 火灾热释放速率及燃烧产物的测定

11.1 前 言

11.1.1 量热计发展现状

随着我国石油化工行业、仓储行业的发展和公路隧道的持续建设，建筑空间复杂性的不断增加，火灾荷载和热释放速率也随之增大，这些场所的火灾危险性也不断加大。石油化工火灾、仓储火灾、隧道火灾和复杂建筑火灾的热释放速率可达 20 MW，远远超过一般建筑火灾的热释放速率，因此基于石油化工场所、仓储场所、公路隧道以及复杂建筑的新型防护系统设计及基础数据验证的需求，需要建立 40 MW 大尺度量热系统及相应试验方法标准。

基于耗氧原理建立的各种不同尺寸的量热计系统已成为不同燃烧物燃烧特性的主要测量装置，从锥形量热仪、SBI 单体燃烧试验装置、ISO 9705 墙角火试验装置、10 MW 大型量热计系统到 40 MW 大尺度火灾量热装置，分别代表了尺度从小到大的量热装置。针对燃烧产生的产物及各种大型火灾模型燃烧特性研究，世界各大消防研究机构均建立了不同规模的中大型量热装置进行火灾科学领域热释放速率的测量。

11.1.2 大尺度量热计国内外研究现状

目前，国际上已经建立了多套量热尺度可达 10 MW 的大尺度热释放速率测试装置，如英国 BRE 的 FRS 部门，美国的 UL 公司和美国的 FM 公司，等等。

美国国家标准与技术研究院（NIST）为了满足研究者的需求，致力于提高大尺度量热计的量热能力。NIST 建立了大尺度火灾量热仪，其量热能力达 20 MW。利用该设备可开展针对计算机模拟软件 CFD 软件计算结果的验证试验研究工作。

英国的 BRE GLOBAL 公司建立了欧洲最大的火灾实验室之一，其试验设施包括目前最先进的燃烧厅，其中集烟罩尺寸是 9 m × 9 m，该量热设施的量热能力达 10 MW。

英国 FTT（Fire Testing Technology）开发并研制了 10 MW 量热设备，该设备采用耗氧原理，可测试最大热释放速率达 10 MW，可用于对实际尺度火灾的发生、蔓延等情况进行研究。

FM GLOBAL 公司拥有大型火灾实验室，该实验室的尺度允许研究者可以模拟大型仓库火灾，FM 的火灾实验室具备先进的湿度控制系统能够保证试验的连续性，其量热能力可达 20 MW。

比利时研究机构 FIRE（Fire Instrumentation & Research Equipment）研制了名为大尺度耗氧量热计（Large Scale Oxygen Depletion Calorimeter），可用于轨道交通、海事方面的火灾测试装置。

韩国 FESTEC 国际公司建立了大尺度量热仪，该试验装置可以对汽车火、仓库火、家具火等进行热释放速率及其他燃烧产物的测定。

在国内，应急管理部天津消防研究所购进 FTT 测试设备——10 MW 热释放速率测试装置，可测试最大热释放速率达 10 MW，用于对实际尺度火灾的发生、蔓延等情况进行研究。

2007 年，应急管理部四川消防研究所在"全尺寸火灾烟气毒性和热释放速率测量装置"研究过程中，自主研制了大尺度量热系统，其最大火灾功率达 10 MW。在"十二五"国家科技支撑计划——"高大综合性建筑及大型地下空间火灾防控技术研究"中，该设备作为大功率火源的基础测试平台，进行了大量木垛火热释放速率的测定，开展了木垛火作为基本火源的热释放速率预测研究。

2014 年，应急管理部四川消防研究所依托国际标准 ISO 24473:2008 转化而来的推荐性国家标准《火灾试验 开放式量热计法 40 MW 以下火灾热释放速率及燃烧产物的测定》（GB/T 41382—2022），并依托地铁及隧道大型量热系统，研建了 40 MW 大尺度量热系统。该系统基于耗氧原理，利用进行了防火保护的隧道空间作为燃烧空间，对集烟罩及排烟管道进行分析设计，并对燃烧空间内的气流进行组织，确保燃烧过程中燃烧烟气被完全收集，热释放速率测试准确。

11.1.3 开展本研究的必要性

热释放速率测试系统，是进行防火研究不可或缺的试验基础，而针对40 MW 以下大尺度热释放速率测试系统的建立及试验方法等，国内尚未建立相应的标准规范。随着我国仓储行业的发展和高大空间危险场所的不断建设，对大功率火灾进行实体火灾试验的需求也愈发迫切，亟须建立大尺度热释放速率测试装置。在此基础上，根据量热仪的量热功率等特点，制订相应的试验方法标准，对大型量热计系统集烟罩及管道的结构及尺寸设计、安装方法、测量管段的形式以及设备的标定过程进行详细的规定。

针对 40 MW 以下大尺度热释放速率测试系统的研制，国外有 ISO 24473-2008: fire tests-open calorimetric- measurement of the rate of production of heat and combustion products for fires of up to 40 MW 可以遵循。该标准对 40 MW 以下大型量热计系统中集烟罩及排烟管道的设计、排烟管道测量段的布置、检查氧分析仪稳定性的步骤以及耗氧原理的计算公式等均进行了详细的规定。而在国内，仅有针对中小尺度的量热设备有相关的标准规范可依据并进行研制，对于大尺度量热系统本身并没有标准规范作为依据。随着大尺度热释放速率测试装置的广泛使用，亟须相关的标准规范与国际接轨。因此，在试验研究的基础上，提出 40 MW 以下火灾热释放速率测试方法的标准研究工作是非常有意义的。

11.1.4 研究内容

本项研究主要针对大型量热计系统进行冷流场测试，以了解排烟管道中流速分布情形，并确定冷流场情形下差压测量位置，然后利用系列正庚烷油池火燃烧试验测试整个系统的稳定性及正确性，获取标准制定过程中需要的技术参数。研究内容分述如下：

（1）大尺度量热计冷流场标定试验分析：在冷流场情形下对试验条件的风速进行调节校正。

（2）大尺度量热计热流场标定试验分析：通过进行庚烷油池火进行燃烧状态下热释放速率装置的标定工作，并且在多组试验的基础上确定大尺度热释放测试装置中的关键技术参数，如流量分布系数 K_t 等。

（3）通过系列正庚烷油池火试验验证试验数据的重复性和再现性，提高大尺度量热计的测试精度。

（4）在试验研究的基础上，进行标准《火灾试验 开放式量热计法 40 MW 以下火灾热释放速率及燃烧产物的测定》（GB/T 41382—2022）的完善。

11.2　试验部分

试验部分主要分为试验装置的冷流场标定分析和热流场标定分析。冷流标定分析是指在量热计系统建成后，必须先检查系统各测试仪器是否达到设计要求以及检查系统的稳定性。热流场标定分析是指在冷流场标定分析的基础上，利用标准火源对整个系统进行标定，标定热释放量实测值与热释放量理论输出值之间的误差不低于 ± 10%。

11.2.1　冷流场标定分析

进行冷流场测试，以便了解排烟管道中流场的分布情形，并决定可代表该截面的测量位置，然后利用正庚烷油池火燃烧试验测试整个系统的稳定性和重复性。

在冷流场情形下，对实验条件的风速进行调节标定；根据冷流场试验了解流场的均匀度；利用皮托管以及风速计结合来测量管道截面中心位置处的流速（见表 11.1 和图 11.1）。

表 11.1　冷流场标定工况

风机频率/Hz	差压平均值/Pa	体积流量平均值/（m³/s）
5	10.33	15.53
10	39.0	29.16
15	91.31	27.72
20	166.82	43.61
30	369.15	46.24
39	603.1	57.74

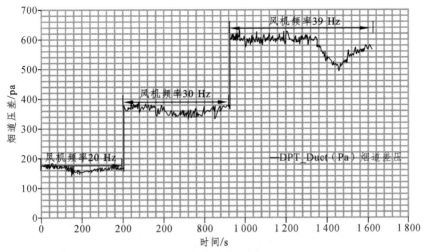

图 11.1　不同风机频率条件下的差压曲线

在起草标准技术内容的过程中,依托 40 MW 隧道及地铁大尺度量热计进行系列正庚烷油池火试验。在对正庚烷油池火试验数据分析整理的基础上,对 40 MW 及以下开放式量热计的性能进行标定。

11.2.2　热流场标定分析

在热流场标定试验分析中,分别用不同尺寸的油池火试验来对大尺度燃烧分析装置进行系统标定分析工作,并据此确定系统的测试精度,以满足后期进行 40 MW 大尺度量热计进行实体火灾试验的需求。在进行热流场标定分析的试验中,分别针对不同的油盘个数、排列方式、不同的排烟速率进行正庚烷油盘火的燃烧试验。

在正庚烷油盘火试验基础上,利用测试油盘火正庚烷燃烧产生的总热释放量除以正庚烷的质量来得到正庚烷的实际燃烧热,将该值与正庚烷的理论燃烧热进行比较分析,两者之间的误差在 ±10% 则证明测试系统精度满足试验需求。

11.2.3　正庚烷油池火试验标定部分

1. 试验装置

40 MW 以下大尺度量热计热流场校正试验主要在隧道量热计(见图 11.2)

内进行。隧道长 160 m,高 10 m,隧道两侧及顶部均使用防火板及防火涂料进行了防火保护,保证在燃烧试验条件下不会对隧道结构产生影响。

图 11.2　隧道量热计

2. 试验工况

针对新建立的隧道量热计,利用不同尺寸的正庚烷油池火试验来确定此燃烧分析装置的重要参数。并确保对已知理论热释放量的正庚烷火的热释放量测试结果精确。试验工况见表 11.2。

表 11.2　庚烷火试验工况

编号	庚烷质量/kg	油盘面积/m²	风机频率/Hz	体积流量/(m³/s)	理论热释放量/MJ
1	9.66	1	30	42	430.84
2	7.78	1	20	29	346.99
3	17.5	2	20	41.4	780.50
4	17.14	2	39	58	764.44
5	33.3	2×2.25	39~47	58	1 485.18
6	50.88	3×2.25	39~47	58	2 269.25
7	204.9	6×2.25	39~50	58	9 140.32

3. 试验数据分析

（1）1号油盘面积 $1\,m^2$，庚烷质量 $9.66\,kg$，其热释放标定数据曲线如图 11.3 所示。

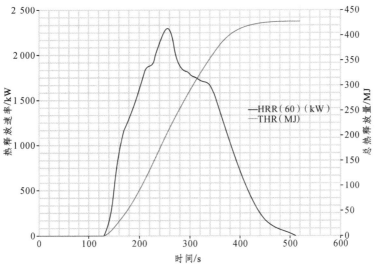

图 11.3 1号正庚烷油池火热释放标定数据曲线图

（2）2号油盘面积 $1\,m^2$，庚烷质量 $7.78\,kg$，其热释放标定数据曲线如图 11.4 所示。

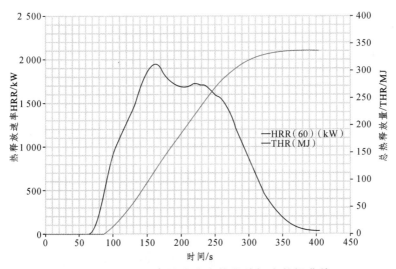

图 11.4 2号正庚烷油池火热释放标定数据曲线

（3）3 号油盘面积 2 m²，庚烷质量 17.5 kg，其热释放标定数据曲线如图 11.5 所示。

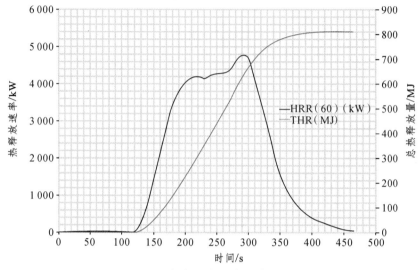

图 11.5   3 号正庚烷油池火热释放标定数据曲线

（4）4 号油盘面积 2 m²，庚烷质量 17.14 kg，其热释放标定数据曲线如图 11.6 所示，试验现场如图 11.7 所示。

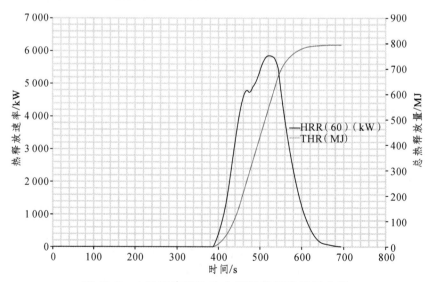

图 11.6   4 号正庚烷油池火热释放标定数据曲线

图 11.7　4 号正庚烷油池火试验现场

（5）5 号油盘面积 $2 \times 2.25 \text{ m}^2$，庚烷质量 33.3 kg，其热释放标定数据曲线如图 11.8 所示，试验现场如图 11.9 所示。

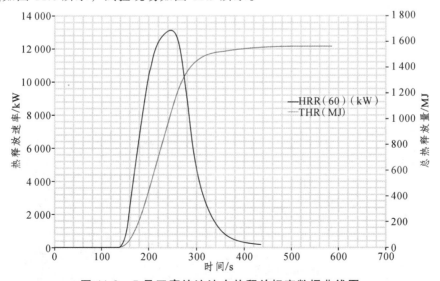

图 11.8　5 号正庚烷油池火热释放标定数据曲线图

图 11.9　5 号正庚烷油池火试验现场

（6）6 号油盘面积 $3 \times 2.25 \ m^2$，庚烷质量 50.88 kg，其热释放标定数据曲线如图 11.10 所示，试验现场如图 11.11 所示。

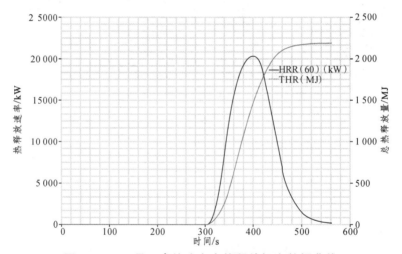

图 11.10　6 号正庚烷油盘火热释放标定数据曲线

图 11.11　6 号正庚烷油池火试验现场

（7）7 号油盘面积 6×2.25 m^2，庚烷质量 204.9 kg，其热释放标定数据曲线如图 11.12 所示，试验现场如图 11.13 所示。

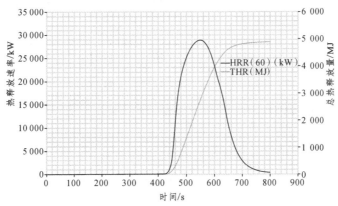

图 11.12　7 号正庚烷油池火热释放标定数据曲线

图 11.13　7 号正庚烷油池火试验现场

4. 试验结果讨论

通过系列正庚烷油池火对新建立的隧道量热计的热释放速率的测试进行标定。通过试验数据进行分析，将不同油盘面积条件下实测热释放量与理论热释放量进行对比分析得到：不同条件下的测量误差控制在 ± 10% 以内，满足标定要求（见表 11.3）。该量热系统能够对 40 MW 以内的燃烧试验进行准确量热。

表 11.3　庚烷火试验数据汇总

试验编号	油盘面积/m²	庚烷质量/kg	理论热释放量/MJ	实测热释放量/MJ	实测热释放速率/MW	热释放量误差/%
1	1	9.66	430.84	427.95	2.302	− 0.60
2	1	7.78	346.99	336.74	1.945	− 2.95
3	2	17.5	780.50	811.99	4.769	+4.03
4	2	17.14	764.44	791.76	5.847	+3.57
5	2 × 2.25	33.3	1 485.18	1 566.78	13.162	+5.49
6	3 × 2.25	50.88	2 269.25	2 191.32	20.332	− 3.43
7	6 × 2.25	204.9	9 140.32	8 282.70	37.800	− 9.40

11.3　大尺度量热计的设计

针对大尺度量热计，通常会根据量热计的设计火源功率对其排烟管道的直径以及所需的烟道体积流量进行确定。同时，结合 ISO 24473:2008 附录 A 中集烟罩及排烟管道的设计计算公式，确定集烟罩的大小以及集烟罩距离地面的高度。

11.3.1　10 MW 量热计技术参数

根据 ISO 24473: 2008 标准中的针对 10 MW 量热计的相关规定，10 MW 量热计已经是标准化生产的量热计产品，其主要排烟管道及集烟罩的性能参数如下：

管道直径：$D_1 = 1.524$ m；

圆形集烟罩的直径：$D_2 = 6.1$ m；

方形集烟罩的尺寸：8 m $\times 8$ m；

管道体积流量：20 m^3/s。

基于 10 MW 量热计的基本性能参数，计算得到 10 MW 量热计管道内的流速。

烟道截面积：

$$A_1 = \frac{\pi D_1^2}{4} = \frac{\pi \times 1.524^2}{4} = 1.824 \text{ m}^2$$

烟道流速：

$$v = \frac{20 \text{ m}^3/\text{s}}{1.824 \text{ m}^2} = 10.96 \text{ m/s}$$

集烟罩面积：

$$A_2 = \frac{\pi D_2^2}{4} = \frac{\pi \times 6.1^2}{4} = 29.2 \text{ m}^2$$

11.3.2 大尺度量热计技术参数

针对 20 MW 量热计的设计，管道内的烟气流速应当与 10 MW 量热计的烟道流速相同，均为 10.96 m/s，但烟道内体积流量应当加倍（×2），即为 40 m^3/s。在体积流量、烟气流速已知的条件下，可以推算出排烟管道截面积大小，进而得到排烟管道直径。集烟罩的面积也应当加倍，因此可推知集烟罩底面的直径（见表 11.4）。

表 11.4 根据设计火源功率计算的量热计设计理论值

设计火源功率 Q/MW	锥形集烟罩直径 D_1/m	距离地面净高度 H/m	管道内烟气体积流量 v/(m^3/s)	管道直径 D_2/m
10	6.1	7.925	20	1.524
20	8.76	10	40	2.156
30	10.56	13.29	60	2.64
40	12.2	14.91	80	3.048

11.4　标准编制部分

11.4.1　标准起草过程

1. 收集资料

编制组于 2015 年 12 月至 2016 年 2 月广泛收集国内外相关标准及技术资料，经多次研讨和征求意见，最终确定采用《火灾试验 开放式量热计法40 MW 以下火灾热释放速率及燃烧产物的测定》（ISO 24473:2008）来制订本标准。

2. 国际标准的翻译

编制组在广泛收集国内外相关标准及技术资料的基础上，于 2016 年 3月至 8 月翻译了国际标准 ISO 24473:2008。

3. 征求意见稿

考虑到我国国情，在反复征求有关专家的意见后，本标准修改采用 ISO24473: 2008。编制组对标准翻译稿进行了校对、修正，并在此基础上于 2017年 3 月形成了本标准的征求意见稿。

4. 送审稿

2017 年 4 月至 2018 年 3 月，编制组征求了全国消防标准化技术委员会第十三分技术委员会委员、通讯委员、有关专家的意见。在广泛征求意见的基础上，编制组对专家意见进行了汇总分析，并对标准进行了认真修改，形成标准送审稿，并于 2018 年 3 月 23 日通过了全国消防标准化技术委员会第十三分技术委员会委员的审查。

5. 报批稿

2018 年 4 月至 2021 年 8 月，编制组针对审查专家提出的意见进行了汇总处理，形成了送审稿意见处理汇总表，根据专家意见和建议对送审稿进行了认真讨论和修改，最后完成了本标准的报批稿，并最终在 2021 年 8 月完成系统报批。

6. 发　布

本标准已于 2022 年发布。

11.4.2　标准的主要技术内容

我国在 40 MW 以下开放式大尺度量热计系统的标准制订领域，尚属空白。针对大尺度量热计热释放速率测试装置，建立 40 MW 以下大尺度火灾试验用热释放速率及燃烧产物的测定的试验方法，开展相应的试验研究，为建筑火灾研究提供科学的手段，为标准规范的制订提供科学依据，完善相应的消防法规已显得非常迫切。

本标准参照国际标准《火灾试验 开放式量热计 40 MW 以下火灾热释放速率及燃烧产物的测定》（ISO 24473:2008）制订，可为 40 MW 以下大尺度火灾试验提供标准试验方法。本标准经多次修改完善，最终形成了 11 个章节的基本标准结构，分别是范围、规范性引用文件、术语和定义、试验原理、试验装置、烟气及热释放计算、试样安装、点火源、系统标定、试验程序及试验报告。主要技术内容有：

（1）范围。在"范围"一章中，提出了本标准主要内容和适用范围。

（2）规范性引用文件。本标准条文引用的规范性文件共计 6 个。

（3）术语和定义。对本标准涉及的 4 个术语给出了定义。

（4）试验原理。对本标准涉及的热释放速率测试基本原理进行了阐述，并且提出了测试过程包括的所有测试参数。

（5）试验装置。包括试验装置中的集烟罩及排烟管道、排烟管道中的测量仪器、烟气分析设备、烟密度测量装置以及其他辅助装置等。

（6）烟气及热释放计算。包括计算热释放速率及产烟量的计算。

（7）试验安装。包括测试物品的摆放位置以及软垫家具的试验安装程序。

（8）点火源。包括对点火源的一般规定及气体点火器的标定程序。

（9）系统标定。提出了系统标定的基本要求，利用正庚烷油池火对试验系统的标定程序。

（10）试验程序。包括初始条件、试样制备以及试验步骤。

（11）试验报告。试验报告应包括的技术内容及计算所需参数要求。

11.5　本章小结

（1）通过 7 组不同尺度的正庚烷油池火对 40 MW 大尺度量热系统的量热能力及量热误差进行了详细的试验标定。标定结果表明，40 MW 大尺度量热系统的最大热释放速率测试功率达 37.8 MW，测试误差为 − 9.40%，满足标准规定的误差控制在 ± 10% 的要求，系列标定结果标定该 40 MW 大尺度量热系统满足 40 MW 大功率热释放速率测试的需求。

（2）利用 40 MW 大尺度量热系统，已成功进行了机动车、客车车厢、大型交通建筑商业店铺实体火灾试验，获得了热释放速率、热释放总量、温度分布及其他燃烧性能参数。

（3）通过研究完成了标准报批稿《火灾试验 开放式量热计法 40 MW 以下火灾热释放速率及燃烧产物的测定》（GB/T 41382—2022），并且对 40 MW 以下大尺度量热计中根据设计火源功率对锥形集烟罩直径、集烟罩距离地面的高度、管道内烟气体积流量以及管道直径的确定进行了初步探讨，并得出了对大尺度量热计设计有指导意义的结论。

（4）40 MW 大尺度量热系统的具有广阔的应用前景，40 MW 大尺度量热系统可应用于新能源汽车燃烧性能测试、高架仓库实体燃烧试验研究、隧道实体火灾以及自动喷水灭火效能研究等方面的研究中。同时，可为消防救援队伍灭火救援提供实战培训平台。

第12章

连排座椅燃烧性能试验及评价方法

12.1 前 言

随着我国经济社会的快速发展和城市人口密度的不断加大，城市公交、轨道交通、影剧院、录像厅、礼堂等放映场所，舞厅、有娱乐功能的夜总会、卡拉 OK 厅等歌舞娱乐场所，网吧、音乐茶座、餐饮场所、宾馆（饭店）、候车室、候机室候船室等不断增多。座椅，作为此类空间内部一种必要的组件也在被大量使用。随着人们对舒适性的追求越来越高，大量可燃或易燃的高分子材料及组件应用于各类公共场所，尤以软质座椅为多。然而，大量的火灾案例和试验研究表明，公共场所集中使用的座椅，尤其是软质座椅，具有很高的火灾危险性。一方面，连排座椅在结构形式上是由若干位座椅的承重构件在结构上连接成排使用，这种结构形式使得火焰易于传播，且对人员疏散不利。该类场所人员密集，一旦发生火灾，人流会在短时间内向有限的安全出口迅速聚集，极易出现拥挤、踩踏、堵塞通道等现象，严重影响疏散速度，导致人员伤亡和财产损失。另一方面，软质连排座椅大多采用易燃的聚氨酯泡沫材料，而聚氨酯泡沫材料极易被引燃，火焰蔓延迅速且会释放出大量有毒气体。座椅中除聚氨酯泡沫塑料外，往往还有橡胶、木材、织物等其他可燃、易燃材料，彼此相互作用，进一步加快了火势的增长。这类座椅发生火灾时热释放速率很大，很容易导致轰燃，极易造成群死群伤的恶性火灾事故。

随着科学技术的发展和社会的进步，各种阻燃座椅的出现为降低体育场馆、影剧院、会议厅及公交车辆的火灾风险创造了条件。但是，如果在工程中阻燃座椅得不到正确的应用，阻燃座椅阻止或延缓火灾发生的作用将很难保证。由于连排座椅在各类工程中的应用非常普遍，因此本章将重点介绍连排座椅的燃烧性能试验及评价方法，编制标准《阻燃座椅应用技术规程》，目的是规范阻燃座椅在公共场所及人员密集场所的应用，使阻燃座椅的防火阻燃性能能够得到充分的发挥，有效提升公共场所及人员密集场所的防火安全。

12.2 试验研究

12.2.1 试验装置

连排座椅试验装置为根据 ISO 24473: 2008 建立的 10 MW 大尺度量热计。在尺寸为 10 m×10 m 的锥形集烟罩下方，依次摆放三排五人位连排座椅。按照《影剧院公共座椅》（QB/T 2602—2013）的相关规定，座椅之间的最小间距为 0.85 m，摆放座椅的台阶高度为 0.2 m。座椅燃烧台如图 12.1 所示，试验装置如图 12.2 所示。

在锥形集烟罩下方，用指定的方式引燃连排座椅。试验中燃烧产生的烟气通过锥形集烟罩收集，在排烟管道测量段测定烟气浓度、温度、压差等信息，并根据耗氧原理计算燃烧过程中产生的热释放速率及总热释放量。同时，记录整个试验过程中的试验现象。

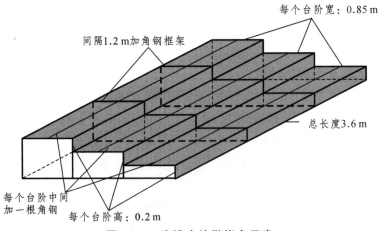

图 12.1 连排座椅燃烧台示意

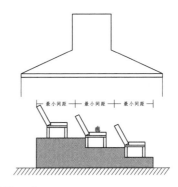

图 12.2　试验装置示意

12.2.2　试验装置标定

在试验装置校准的过程中,采用系列正庚烷油池火对 10 MW 大尺度量热计进行标定,确保系统性能处于良好的测试状态,测试数据准确。在标定过程中,选取的燃料为正庚烷,其化学纯度不低于 97%,油盘面积为 1 m²。

1. 标定程序

1)初始条件

用于标定的油盘应位于集烟罩正下方的称重平台上,在庚烷燃料燃烧的过程中能够记录整个过程的质量损失。庚烷的初始温度宜维持在(20 ± 5)℃,在试验的过程中,允许对燃料油盘进行冷却。

2)基线记录

应至少在引燃庚烷燃料之前 2 min 开启数据采集系统,记录基线值。

3)引燃次序

油盘中燃料的引燃不应影响称重平台对庚烷质量的记录。

4)结束标定程序

在燃料燃尽之后,测试系统应至少持续记录 2 min。

5)庚烷油池火标定要求

在利用庚烷油池火进行标定之后,由总热释放量与总质量损失的比值(THR/m)计算得到的庚烷有效燃烧热不应偏离庚烷理论燃烧热值 44.56 kJ/g 的 ± 10%。

2. 标定数据

对于 10 MW 大尺度量热系统，在进行燃烧试验之前，必须先检查系统各功能装置是否达到设计要求，同时检查系统的稳定性。标定时，先进行冷流场标定，再进行热流场标定。

冷流场标定工作需要确保标定系统测试所需的各项仪器如烟密度测试装置、差压装置、烟道体积流量以及分析仪均处于良好的测试状态。本试验的冷流场标定如图 12.3 和图 12.4 所示。在设备运行的过程中，差压平均值维持在 80.11 Pa，烟道体积流量 V_{298} 的平均值为 10.13 m³/s，均满足试验要求。

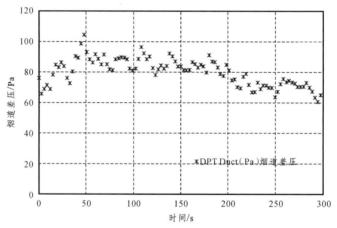

图 12.3　烟道压差散点

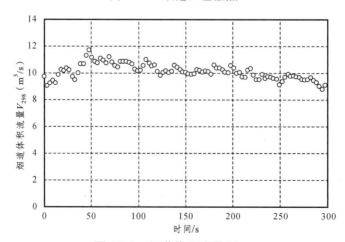

图 12.4　烟道体积流量 V_{298}

　　冷流场标定合格后，可以开展热流场标定工作。在热流场标定中，利用不同尺寸的油池火试验来了解 10 MW 大尺度量热计的热释放速率测试是否准确。

　　热流场标定方法如下：

　　（1）火源位于集烟罩正下方。

　　（2）最大的火焰高度不应超过排烟管道入口的高度。

　　（3）标定选用的火源功率至少应考虑设计火源功率的 33%、66%以及100%作为标定试验的热输出。

　　（4）标定结果是时间的函数关系，一旦点火器启动，试验中的所有仪器应当正常使用。

　　（5）记录燃烧热释放速率（见图 12.5）及烟气浓度。

　　（6）记录管道内双向测速探头处管道截面的温度及流速分布。

　　（7）记录通过双测速探头的压差分布。

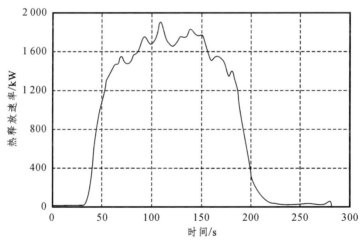

图 12.5　热释放速率曲线

3. 标定结果

　　采用庚烷火对系统的热释放速率及热释放总量进行了多次标定，总热释放量与总质量损失的比值（THR/m）计算得到的庚烷有效燃烧热与正庚烷理论燃烧热值的差与理论燃烧热值的比值均低于 10%，满足标定要求。结果表明，测试系统处于良好的测试状态。

12.2.3 试验工况

在研究过程中，针对阻燃座椅以及市售普通座椅进行了大量的连排座椅燃烧实体试验，试验设计工况见表 12.1。试验中，对连排座椅的引燃位置、引燃源的持续时间开展了多次对比试验，同时将普通座椅与阻燃座椅的连排座椅燃烧实体试验进行了对比。

表 12.1   连排座椅燃烧实体试验工况设计

试验组别	试验编号	数量/位	材质	引火源	引燃位置
1	20190110001	15	阻燃座椅：PUR 泡沫 + 织布 + 塑胶扶手背板	丙烷点火器 28.9 kW 持续 2 min	座椅上方
2	20190110002	15	阻燃座椅：PUR 泡沫 + 织布 + 塑胶扶手背板	正庚烷油池火 600 mm×200 mm ×100 mm	座椅下方
3	20190116004	15	阻燃座椅：PUR 泡沫 + 织布 + 塑胶扶手背板	丙烷点火器 28.9 kW 持续 2 min	座椅下方
4	20190116005	15	阻燃座椅：PUR 泡沫 + 织布 + 塑胶扶手背板	丙烷点火器 28.9 kW 持续 5 min	座椅上方
5	20190116006	15	阻燃座椅：PUR 泡沫 + 织布 + 塑胶扶手背板	正庚烷油池火 600 mm×200 mm ×100 mm	座椅下方
6	20190123001	15	阻燃座椅：PUR 泡沫 + 织布 + 塑胶扶手背板	丙烷点火器 28.9 kW 持续 5 min	座椅下方
7	20190123002	15	普通座椅：PUR 泡沫 + 织布 + 塑胶扶手背板	丙烷点火器 28.9 kW 持续 5 min	座椅下方

12.2.4 座椅引燃方式

在连排座椅燃烧试验过程中，共设计了三种座椅引燃方式。

1. 丙烷点火器位于座椅上方

丙烷点火器位于中间一排，中间座椅上方，点火器距离座椅靠背及座椅椅面的距离应符合图 12.6 所示的要求。

点火器丙烷流量（19.5 ± 0.25）L/min，持续时间 120 s。对应热输出 28.9 kW，对应热量 3 468 kJ。

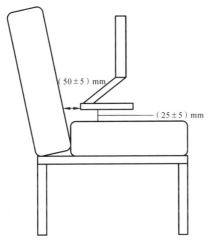

（50±5）mm

（25±5）mm

图 12.6　丙烷点火器位于座椅上方

2. 油池火位于座椅下方

如图 12.7 所示，油池火燃料为正庚烷，体积 1 000 mL，对应热值 3 010 kJ，试验过程中记录油池火持续时间。

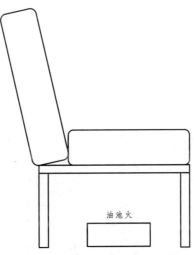

油池火

图 12.7　油池火位于座椅下方

3. 丙烷点火器位于座椅下方

如图 12.8 所示，丙烷点火器流量为（19.5 ± 0.25）L/min，持续时间 120 s。对应热输出 28.9 kW，对应热量 3 468 kJ。

图 12.8　丙烷点火器位于座椅下方

12.2.5　试验数据分析

根据连排座椅燃烧试验设计工况，分别对每组工况的试验现象、试验热释放速率曲线、试验总热释放量曲线进行分析讨论。

1. 连排座椅试验 1 号

1）试验现场

连排座椅试验 1 号现场如图 12.9 所示。

图 12.9 连排座椅试验 1 号

2）试验现象

当丙烷引火源位于座椅上方引燃座椅时，火源功率为 28.9 kW，持续时间 2 min。在整个试验过程中，点火 20 s 后椅面被引燃，并且燃烧旺盛，在 60 s 时椅背被引燃，90 s 时座椅扶手引燃。点火后 2 min 关闭丙烷点火器，火势逐渐减小，扶手火焰持续减弱。试验持续至 3 min 时，椅面持续燃烧，但椅背无明焰燃烧，扶手的火焰熄灭。随着试验的进行，连排座椅引火源处的椅面燃烧，直至 10 min 时火焰明显减小。试验持续至 22 min 时，火焰熄灭，整个试验过程中，无滴落，点火座椅前后左右无火焰蔓延现象发生。

3）试验曲线

连排座椅试验 1 号的热释放速率曲线和总热释放量曲线如图 12.10 和图 12.11 所示。

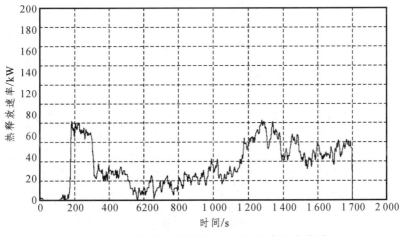

图 12.10 连排座椅试验 1 号热释放速率曲线

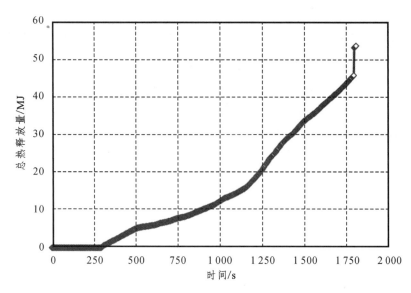

图 12.11   连排座椅试验 1 号总热释放量曲线

2. 连排座椅试验 2 号

1）试验现场

连排座椅试验 2 号现场如图 12.12 所示。

图 12.12   连排座椅试验 2 号

2）试验现象

使用尺寸为 600 mm×200 mm×100 mm 的正庚烷油池火位于座椅下方引燃座椅。从点火开始计时，当试验进行至 20 s 时，燃烧持续加剧，且有大量烟气产生；30 s 时，有滴落物生成；试验进行至 1 min 30 s，同排相邻座椅被引燃，并且发生火焰蔓延现象；试验进行至 4 min 时，中间排 5 个座椅被引燃；10 min 时，前排蔓延燃烧的座椅火焰熄灭。

试验进行至 324 s 时，热释放速率达到峰值 620 kW，整个试验过程中从点火至火焰熄灭产生的总热释放量为 342 MJ。

3）试验曲线

连排座椅试验 2 号的热释放速率曲线和总热释放量曲线如图 12.13 和图 12.14 所示。

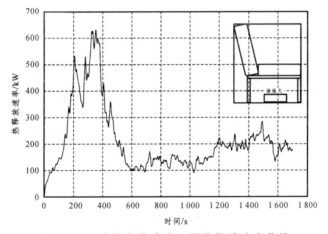

图 12.13　连排座椅试验 2 号热释放速率曲线

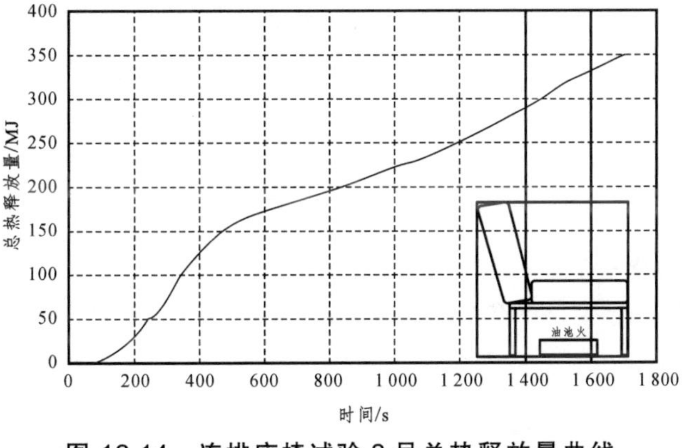

图 12.14　连排座椅试验 2 号总热释放量曲线

3. 连排座椅试验 4 号

1）试验现场

连排座椅试验 4 号现场如图 12.15 所示。

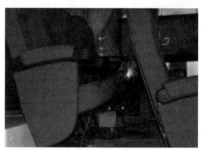

图 12.15　连排座椅试验 4 号

2）试验现象

当丙烷引火源位于座椅上方引燃座椅时，火源功率为 28.9 kW，持续时间 5 min。在整个试验过程中，点火 2 min 后椅背开始燃烧，并且燃烧旺盛；3 min30 s 时引火源座椅的左右扶手开始燃烧；5 min 时关闭引火源，燃烧持续，试验进行 22 min 时灭火，在整个试验过程中有滴落现象发生，无火焰蔓延现象。

在整个试验过程中，热释放速率平均值为 40 kW 左右，产生的总热释放量为 29 MJ。

3）试验曲线

连排座椅试验 4 号的热释放速率曲线和总热释放量曲线如图 12.16 和图 12.17 所示。

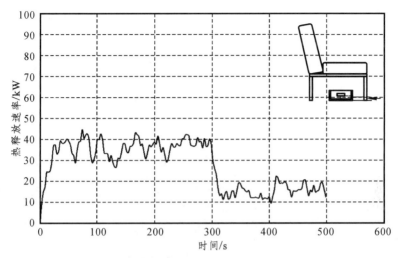

图 12.16 连排座椅试验 4 号热释放速率曲线

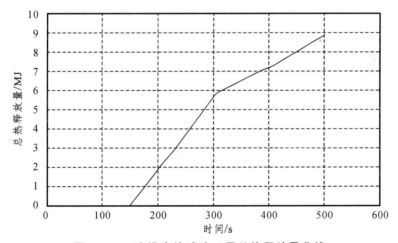

图 12.17 连排座椅试验 4 号总热释放量曲线

4. 连排座椅试验 5 号

1）试验现场

连排座椅试验 5 号现场如图 12.18 所示。

图 12.18　连排座椅试验 5 号

2）试验现象

当丙烷引火源位于座椅下方引燃座椅时，点火源功率为 28.9 kW，持续时间 5 min。5 min 后关闭丙烷点火器，座椅底部及椅面开始持续燃烧，并冒出大量黑烟，火焰高度与座椅椅背高度一致。10 min 后，座椅火从引火源处蔓延至同排相邻座椅，并且火焰不断灼烧前排座椅后背，并冒出大量黑烟，火焰高度超出座椅椅背高度 50 cm。座椅持续稳定燃烧，火焰蔓延至前排座椅和后背及扶手。30 min 后实施灭火，中间一排座椅完全烧毁。

试验进行至 327 s 时，热释放速率达到峰值 1 023 kW。整个试验过程中产生的总热释放量为 649 MJ。

3）试验曲线

连排座椅试验 5 号的热释放速率曲线和总热释放量曲线如图 12.19 和 12.20 所示。

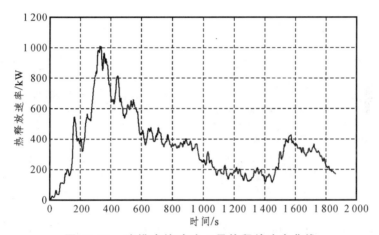

图 12.19　连排座椅试验 5 号热释放速率曲线

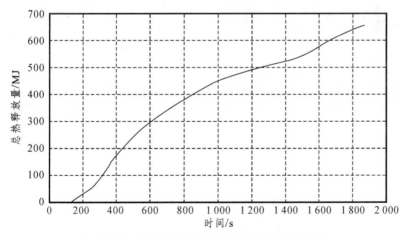

图 12.20　连排座椅试验 5 号总热释放量曲线

5. 连排座椅试验 7 号

1）试验现场

连排座椅试验 7 号现场如图 12.21 所示。

图 12.21   连排座椅试验 7 号

2）试验现象

当丙烷引火源位于座椅下方引燃座椅时，点火源功率为 28.9 kW，持续时间 5 min。点火 20 s 后座椅被引燃，并且火焰逐渐蔓延至同排相邻座椅。2 min 后中间一排座椅被完全引燃，并且火焰不断灼烧前排座椅后背；3 min 时，后排座椅被引燃，三连排 15 把座椅同时开始燃烧，并且火焰不断加剧。5 min 后关闭丙烷点火器，座椅持续燃烧，8 min 后实施灭火。

试验进行至 291 s 热释放速率达到峰值 7 595 kW。整个试验过程中产生的总热释放量为 1 342 MJ。

3）试验曲线

连排座椅试验 7 号的热释放速率曲线和总热释放量曲线如图 12.22 和图 12.23 所示。

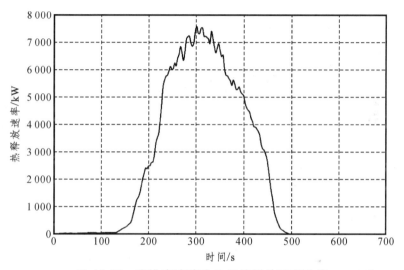

图 12.22　连排座椅试验 7 号热释放速率曲线

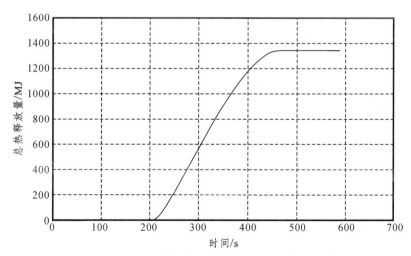

图 12.23　连排座椅试验 7 号总热释放量曲线

12.3　结果与讨论

不同阻燃配方制作的阻燃连排座椅与未经任何阻燃处理的普通软质连排座椅进行实体火灾对比试验，以及对同样的座椅进行不同引燃方式下的热释放速率、热释放总量结果，见表 12.2。在此基础上，对《阻燃座椅应用技术规程》附录 A 连排座椅燃烧性能试验及评价方法中的性能判据进行了规定。

表 12.2　连排座椅试验结果汇总

试验组别	试验编号	材质	引火源	引燃位置	HRR/kW	前 10 min THR/MJ
1	20190110001	阻燃座椅	丙烷点火器 2 min	座椅上方	67.8	5.85
2	20190110002	阻燃座椅	正庚烷油池火 600 mm×200 mm ×100 mm	座椅下方	629.6	171
3	20190116004	阻燃座椅	丙烷点火器 2 min	座椅下方	45.32	8.93
4	20190116005	阻燃座椅	丙烷点火器 5 min	座椅上方	125.2	13.08
5	20190116006	阻燃座椅	正庚烷油池火 600 mm×200 mm ×100 mm	座椅下方	1 023.3	287
6	20190123001	阻燃座椅	丙烷点火器 5 min	座椅下方	738	78.1
7	20190123002	普通座椅	丙烷点火器 5 min	座椅下方	7595	1342

12.4　本章小结

（1）在 10 MW 大尺度量热计下，针对连排座椅开展了系列实体燃烧试验研究，并对不同材质的座椅及相同材质不同引燃方式下的燃烧性能开展了对比试验，形成了《阻燃座椅应用技术规程》中附录 A 的相关试验方法。

（2）在试验研究的基础上，确定了《阻燃座椅应用技术规程》中连排座椅燃烧性能热释放速率及总热释放量的判据：①在整个试验过程中的任何时间，试样的热释放速率峰值不能超过 2 000 kW；② 在测试的 10 min 内，试样的总热释放量应小于 200 MJ。

第13章
地铁列车用材料燃烧性能与部件防火性能试验方法

13.1 前 言

发达国家的经验表明，地铁、轻轨是解决大中城市公共交通运输问题的根本途径，对城市实现可持续发展具有重大意义。目前，我国包括铁路、地铁、轻轨、有轨电车在内的轨道交通建设正处于一个高速发展阶段。城市轨道客车是在陆地上移动的一种建筑，密集人群在相对密闭的空间内活动，一旦发生火灾将对人员生命安全造成严重威胁。20世纪50年代以来，各国的轨道车辆上开始使用合成材料，火灾明显增多，出现了多起悲惨的轨道交通事故。2003年2月18日，韩国大邱市地铁发生特大火灾，火灾导致198人死亡，147人受伤。2005年7月6日，法国巴黎北部辛普朗因地铁车厢电路短路发生火灾，造成19人死亡。据不完全统计，我国地铁自1969年投入运营以来，共发生火灾156起，其中重大火灾3起，特大火灾1起。

即使在防火要求严格的国家，轨道交通中的火灾也时有发生，在地铁交通中尤为多见。因此，轨道交通车辆防火，是当前和将来的一项重要工作。

目前，国外发达国家均对轨道客车的设计和构造提出了防火安全要求，如英国的 BS 6853，德国的 DIN 5510-2，法国 NF F16-101/102 及美国的 NFPA 130 等，而目前国内还没有相关防火规范或标准。在实际应用中，我国在城市轨道客车设计和构造方面的防火安全要求不统一，有的采用法国规范，有的采用英国规范，有的采用德国规范。因此，适合我国城市轨道客车的防火规范的制定将填补我国城市轨道客车消防安全标准的空白，为城市轨道客车消防安全设计、验收、管理等提供依据，可以有效防止我国城市轨道客车火灾事故的发生，减少火灾损失，保障城市轨道客车的人员生命财产安全，具有重大的现实意义，社会经济效益明显。本研究拟在调研借鉴国外先进标准的基础上，开展验证试验，提出适合我国国情的城市轨道客车防火通用规范及地铁列车用材料燃烧性能和部件防火性能测试方法标准草案。

13.2　国内外轨道客车防火要求概述

现有的国外发达国家的列车防火标准主要有英国的《载客列车设计与构造防火通用规范》（BS 6853：1999）、德国的《轨道车辆防火保护措施》（DIN 5510-2：2009）、国际铁路联盟的《铁路客车或国际铁路联运用同类车辆的防火和消防规则》（UIC 564-2：2000）、美国的《固定轨道交通和旅客铁路系统》（NFPA 130：2007）、法国的《轨道车辆用防火材料的选择》（NF F 16-101：1988）、欧盟的《列车应用——铁道车辆防火保护》（EN 45545：2013）。

国内列车防火标准主要有《电力机车防火和消防措施的规程》（GB 6771—2000）；《机车车辆阻燃材料技术条件》（TB/T 3138—2006）；《动车组用内装材料阻燃技术条件》（TB/T 3237—2010）；《铁道客车电器设备非金属材料的阻燃要求》（TB/T 2702—1996）；《铁道车辆用材料耐火性能试验》（TB/T 2639—1995）；《城市轨道交通车辆防火要求》（CJ/T 416—2012），见表 13.1。

表 13.1　国内列车防火标准及适用范围

标准号	标准名称	适用范围	内容
CJ/T 416—2012	城市轨道交通车辆防火要求	地铁车辆、轻轨车辆、单轨车辆、有轨电车、磁浮车辆、自动导向轨道车辆、市域快速轨道车辆	车辆防火等级、车辆防火要求、部件和材料的防火等级及要求
GB 6771—2000	电动机车防火和消防措施的规程	电动机车、电动车组、用于国际联运的新造车	防火措施（结构方面）、消防措施
TB/T 2702—1996	铁道客车电器设备非金属材料的阻燃要求	新造铁路客车电器设备中的所有非金属材料(特殊材料除外）	按重量将材料分成5个级别，按铁道车辆用材料耐火性能实验方法进行测试

续表

标准号	标准名称	适用范围	内容
TB/T 3138—2006	机车车辆阻燃材料技术条件	最高营运速度低于200 km/h的铁道机车车辆用阻燃材料	将材料分为车体用材料、地板、保温及包装材料、车内装饰材料、空调风道、电线电缆类、其他非金属材料，对其理化性能、氧指数、烟密度提出了要求
TB/T 3237—2010	动车组用内装材料阻燃技术条件	营运速度大于或等于200 km/h的动车组用内装阻燃材料	将材料分为顶板、墙板和间隔板、门、窗帘、灯罩、座椅和卧铺、地板、行李架、卫生间、防腐密封降噪材料、空调及管道、防寒材料、其他附件，对氧指数、燃烧性能（A、B）、有害烟气浓度提出了要求

美国轨道车辆防火标准《固定轨道交通和旅客铁路系统》（NFPA 130），涵盖了车站、线路（包括地下、地上、高架桥）、车辆，以及列车运营、车辆维修区和存放区等各个方面。其在车辆结构方面，强调车辆的耐火性，防止外部火源烧透车体进入内部；选用阻燃材料时，着重考虑控制火焰和烟雾的快速传播。在车辆设计中，要核算整车的危险负荷——阻燃材料的发热量和发烟量。正如标准名称所示，美国把车辆防火技术看成一个系统工程。

法国车辆的防火标准《关于铁道车辆用防火材料的选择》（NF F 16-101）、《铁道车辆用电气设备材料的选择》（NF F 16-102）包括了铁路机车车辆、电气设备对阻燃材料的选择和机车车辆防火设计等3个标准。该标准适用于各类轨道交通车辆，根据不同的用途，把车辆分为3个防火级别。选用阻燃材料时，按车辆的防火级别和零部件特点确定材料的防火性能要求。防火性能包括对火反应和烟指数两个方面。

英国车辆防火标准《载客列车设计与构造防火通用规范》（BS 6853）与法国一样，根据不同的用途把车辆分为3个防火级别。英国标准认为，零部件在车上的安装位置——外露表面的朝向（朝下、垂直、朝上），决定了零部件在火灾中吸收热量的多少，因而"面的朝向"是火焰扩展和加大火灾危险的关键因素。选用阻燃材料时，按车辆的防火级别和外露表面的朝向，确定材料的防火性能要求。防火性能包括热辐射、火焰扩展、氧指数、烟雾和烟气毒性等方面。

德国车辆防火标准《轨道车辆防火保护措施》（DIN 5510-2）规定了基本原则、技术要求、试验方法等。根据车辆运行线路设施条件，德国把车辆分为 4 个阻燃级别。选用阻燃材料时，按车辆的阻燃级别和零部件的特点，确定材料的防火性能要求。防火性能包括可燃性、热辐射、烟雾和熔滴等方面。

欧盟车辆防火标准是一套系列标准，包括总则、材料、防火墙、设计、设备、控制等 7 个方面的内容。其中，第二部分（EN 45545-2）是轨道车辆的材料防火和试验要求。

13.3　成都地铁 4 号线车辆内装情况

成都地铁 4 号线车辆内饰材料的组成见表 13.2，内部线缆和部分内饰材料如图 13.1 和图 13.2 所示。

表 13.2　城轨车辆主要内饰材料

部件	名称	材质
内装的部件和材料	门窗密封条	PVC 等
	壁面装置板	不锈钢
	铺地材料	塑料地板
内部设施	广告牌、广告箱、灯罩	亚克力、液晶显示屏
	扶手吊环	塑料＋帆布
	窗帘和卷帘	塑胶，地铁无
	座椅	地铁：不锈钢、有轨：塑料
	司机室坐垫	市售
	坐垫蒙皮	市售
管道、软管	加热、通风、制冷系统的管道	PVC 风管（20 m）＋岩棉＋锡箔
电气线路	电缆	市售阻燃电缆
	光缆	市售
	槽盒	市售
	垫片	市售

图 13.1　地铁车辆内部线缆

图 13.2　地铁车辆部分内饰材料

从国内外的防火标准可以看出，轨道车辆防火性能是车辆的一项重要性能指标。用户关心的不是哪一个零部件的防火性能，而是整车的防火性能——抵御火险的能力。因此我们制订防火标准的目标如下：

（1）制订的性能指标要能进行检测，确保达到预期的目标。

（2）对车辆上"点火源"的控制能力。防止各类电机、电器、燃烧器成为点火源，防止受电装置的电弧引燃车辆。

（3）车内设备件抵御火险的能力以及车内隔离火险的能力。车辆一旦失火能保持车辆安全运行的性能指标。

13.4　轨道车辆材料防火性能测试

13.4.1　测试材料

（1）DIN 5510 将材料分为以下种类：橡胶产品、密封条；天花板、吊顶、吊顶覆盖物；墙体、墙体覆盖物；纺织品、无纺布、窗帘、遮阳产品；座椅、座椅装饰；地板；地面材料；发泡材料；粉末涂料、胶粘剂、颜料、光油；玻璃钢复合材料、SMC 片材；防火胶水；门、窗及门窗框架；扶手、拉手、头枕、可折叠护套、小开关等小部件；连接器、连接设备；加热管、冷却管、波纹管、空调管；其他机车材料。

（2）EN 45545 将材料分为 26 类，分别为：表面材料，覆面材料（门、窗、天花板、车身车体、行李架、桌子朝下表面、通风管道、驾驶台、窗帘、卧铺床底板等）；有限表面材料，桌子、洗手盆、水容器、空气容器；灯罩、灯光扩散器；空调过滤材料、乘客座椅（面料）、电线电缆、完整的乘客座椅；工作人员座椅、床上用品、床垫、头枕、坐垫、座椅扶手；密封条，小区域材料，大功率电子电器产品、软管、电路板、电工小元件。

本研究选择塑料类座椅、地面材料、墙面材料、纺织品材料、橡塑类材料、少量泡沫类材料以及管道类材料进行相关对比测试。

13.4.2　可燃性测试（GB/T 8626—2007，等同于 DIN 53438）

1. XPS 挤塑板（见表 13.3）

表 13.3　XPS 挤塑板可燃性测试

序号	检验项目	检验方法	技术指标		检验结果
1	焰尖高度/mm	GB/T 8626—2007	E	≤150	70
2	燃烧滴落物/微粒	GB/T 8626—2007	过滤纸未被引燃		符合要求

2. EPS 聚苯板（见表 13.4）

表 13.4　聚苯板可燃性测试

序号	检验项目	检验方法	技术指标		检验结果
1	焰尖高度/mm	GB/T 8626—2007	E	≤150	60
2	燃烧滴落物/微粒	GB/T 8626—2007	过滤纸未被引燃		符合要求

3. 阻燃装饰布（见表 13.5）

表 13.5　阻燃装饰布可燃性测试

序号	检验项目	检验方法	技术指标		检验结果
1	焰尖高度/mm	GB/T 8626—2007	E	≤150	40
2	燃烧滴落物/微粒	GB/T 8626—2007	过滤纸未被引燃		符合要求

13.4.3　泡沫塑料垂直燃烧性能测试（GB/T 8333—2008）

1. 橡塑材料（见表 13.6）

表 13.6　橡塑材料垂直燃烧性能测试

序号	检验项目		检验方法	检验结果
1	垂直燃烧性能	燃烧时间/s	GB/T 8333—2008	10
		火焰高度/mm	GB/T 8333—2008	100
2	最大烟密度/%		GB/T 8627—2007	49
3	烟密度等级		GB/T 8627—2007	26

2. 吸音板（见表 13.7）

表 13.7　吸音板垂直燃烧性能测试

序号	检验项目		检验方法	检验结果
1	氧指数/%		GB/T 2406.2—2009	35.3
2	垂直燃烧性能	燃烧时间/s	GB/T 8333—2008	10
		燃烧高度/mm	GB/T 8333—2008	150
3	烟密度等级		GB/T 8627—2007	45

3. 酚醛泡沫（见表 13.8）

表 13.8　酚醛泡沫垂直燃烧性能测试

序号	检验项目		检验方法	检验结果
1	氧指数/%		GB/T 2406.2—2009	33.2
2	垂直燃烧性能	燃烧时间/s	GB/T 8333—2008	10
		火焰高度/mm	GB/T 8333—2008	160
3	热值/（MJ/kg）		GB/T 14402—2007	24.8

13.4.4　纺织品燃烧性能测试（GB/T 5455—1997）

1. 涤棉布（见表 13.9）

表 13.9　涤棉布燃烧性能测试

	检验项目	检验方法	技术指标	检验结果
织物燃烧性能	氧指数/%	GB/T 5454—1997	≥32.0	40.3
	续燃时间/s	GB/T 5455—1997	≤5	0
	阴燃时间/s	GB/T 5455—1997	≤5	0
	损毁长度/mm	GB/T 5455—1997	≤150	93

2. 涤纶（见表 13.10）

表 13.10　涤纶燃烧性能测试

	检验项目	检验方法	技术指标	检验结果
织物燃烧性能	氧指数/%	GB/T 5454—1997	≥32.0	46.4
	续燃时间/s	GB/T 5455—1997	≤5	0
	阴燃时间/s	GB/T 5455—1997	≤5	0
	损毁长度/mm	GB/T 5455—1997	≤150	80

3. 织物（见表 13.11）

表 13.11　织物燃烧性能测试

	检验项目	检验方法	技术指标	检验结果
织物燃烧性能	氧指数/%	GB/T 5454—1997	≥32.0	49.5
	续燃时间/s	GB/T 5455—1997	≤5	0
	阴燃时间/s	GB/T 5455—1997	≤5	0
	损毁长度/mm	GB/T 5455—1997	≤150	109

13.4.5　铺地材料临界辐射通量测试（GB/T 11785—2005）

1. PVC 地板（见表 13.12）

表 13.12　PVC 地板临界辐射通量测试

序号	检验项目	检验方法	分级	技术指标	检验结果
1	燃烧长度 F_s/mm	GB/T 8626—2007	B_{fl}	≤150	60
2	临界辐射通量 CHF/（kW/m²）	GB/T 11785—2005		≥8.0	8.4
3	产烟量（min）/%	GB/T 11785—2005	s1	≤750	150
4	产烟毒性/级	GB/T 20285—2006	t0	达到 ZA_1	ZA_1

2. 地毯（见表 13.13 ）

表 13.13　地毯临界辐射通量测试

序号	检验项目	检验方法	分级	技术指标	检验结果
1	燃烧长度 F_S/mm	GB/T 8626—2007	C_{fl}	≤150	60
2	临界辐射通量 CHF/(kW/m²)	GB/T 11785—2005		≥4.5	6.0
3	产烟量（min）/%	GB/T 11785—2005	s1	≤750	232
4	产烟毒性/级	GB/T 20285—2006	t0	达到 ZA_1	ZA_1

3. 机织地毯（见表 13.14 ）

表 13.14　机织地毯临界辐射通量测试

序号	检验项目	检验方法	分级	技术指标	检验结果
1	燃烧长度 F_S/mm	GB/T 8626—2007	B_{fl}	≤150	100
2	临界辐射通量 CHF/（kW/m²）	GB/T 11785—2005		≥8.0	9.3
3	产烟量（min）/%	GB/T 11785—2005	s1	≤750	4
4	产烟毒性/级	GB/T 20285—2006	t1	达到 ZA_3	ZA_3

4. 地板（见表 13.15 ）

表 13.15　地板临界辐射通量测试

序号	检验项目	检验方法	分级	技术指标	检验结果
1	燃烧长度 F_S/mm	GB/T 8626—2007	B_{fl}	≤150	40
2	临界辐射通量 CHF/（kW/m²）	GB/T 11785—2005		≥8.0	8.4
3	产烟量（min）/%	GB/T 11785—2005	s1	≤750	140
4	产烟毒性/级	GB/T 20285—2006	t1	达到 ZA_3	ZA_3

5. 橡胶地板（见表 13.16）

表 13.16　橡胶地板临界辐射通量测试

序号	检验项目	检验方法	标准要求		检验结果
1	燃烧长度 F_S/mm	GB/T 8626—2007	B	≤150	80
2	临界辐射通量 CHF/（kW/m²）	GB/T 11785—2005		≥8.0	8.0
3	产烟量（min）/%	GB/T 11785—2005	s1	≤750	177
4	产烟毒性/级	GB/T 20285—2006	t0	达到 ZA_1	ZA_1

13.4.6　阻燃家具及组件燃烧性能测试（GB 20286—2006 等同于 DIN 54341）

1. 阻燃座椅（见表 13.17）

表 13.17　阻燃座椅燃烧性能测试

序号	检验项目	检验方法	标准要求	检验结果
1	热释放速率峰值/kW	GB 20286—2006 附录 C	≤250	159
2	5 min 内放出的总能量/MJ	GB 20286—2006 附录 C	≤40	14
3	试件整体燃烧情况	GB 20286—2006 附录 C	试件未整体燃烧	符合要求

2. 中空吹塑座椅（见表 13.18）

表 13.18　中空吹塑座椅燃烧性能测试

序号	检验项目	检验方法	标准要求	检验结果
1	热释放速率峰值/kW	GB 20286—2006 附录 C	≤150	55
2	5 min 内放出的总能量/MJ	GB 20286—2006 附录 C	≤30	38
3	最大烟密度/%	GB 20286—2006 附录 C	≤75	59

13.4.7　塑料垂直燃烧性能测试（GB/T 2408−2008）

1. 阻燃聚酯（见表 13.19）

表 13.19　阻燃聚酯垂直燃烧性能测试

序号	检验项目	检验方法	标准要求	检验结果
1	氧指数/%	GB/T 2406.2—2009	—	41.5
2	垂直燃烧性能	GB/T 2408—2008	—	V-0

2. ABS 改性阻燃工程塑料（见表 13.20）

表 13.20　ABS 改性阻燃工程塑料垂直燃烧性能测试

序号	检验项目	检验方法	标准要求	检验结果
1	垂直燃烧性能	GB/T 2408—2008	—	V-1

3. 阻燃 ABS 板（见表 13.21）

表 13.21　阻燃 ABS 板垂直燃烧性能测试

序号	检验项目	检验方法	标准要求	检验结果
1	垂直燃烧性能	GB/T 2408—2008	—	V-0

4. 阻燃有机玻璃板（见表 13.22）

表 13.22　阻燃有机玻璃板垂直燃烧性能测试

序号	检验项目	检验方法	标准要求	检验结果
1	氧指数/%	GB/T 2406.2—2009	—	26.1
2	垂直燃烧性能	GB/T 2408—2008	—	V-0

5. 防火胶条（见表 13.23）

表 13.23　防火胶条垂直燃烧性能测试

序号	检验项目	检验方法	标准要求	检验结果
1	垂直燃烧性能	GB/T 2408—2008	—	V-2

6. 防火密封胶（见表 13.24）

表 13.24　防火密封胶垂直燃烧性能测试

序号	检验项目	检验方法	分级	标准要求	检验结果
1	首次施加火焰单个试样最小余焰时间 t_1/s	GB/T 2408—2008	V-2	≤30	78
2	二次施加火焰单个试样最小余焰时间 t_2/s			≤30	—
3	试样组总余焰时间 t_f/s			≤250	416
4	二次施加火焰单个试样最小余焰加上余辉时间（t_2+t_3）/s			≤60	—
5	余焰和（或）余辉是否蔓延至夹具			否	是
6	火焰颗粒或滴落物是否引燃棉垫			是	是

7. 防火密封胶（见表 13.25）

表 13.25　防火密封胶垂直燃烧性能测试

序号	检验项目	检验方法	标准要求	检验结果
1	垂直燃烧性能	GB/T 2408—2008	—	V-0

13.4.8　单体燃烧性能测试（GB/T 20284—2006）

1. 复合墙体保温板（见表 13.26）

表 13.26　复合墙体保温板单体燃烧性能测试

序号	检验项目	检验方法	分级	标准要求	检验结果
1	燃烧增长速率指数（FIGRA）/（W/s）	GB/T 20284—2006	A2	≤120	107
2	600 s 内总热释放量（THR_{600s}）/MJ	GB/T 20284—2006		≤7.5	2.6
3	火焰横向蔓延长度（LFS）/m	GB/T 20284—2006		<试样边缘	符合要求

续表

序号	检验项目		检验方法	分级	标准要求	检验结果
4	总热值（PCS）	无机材料/（MJ/kg）	GB/T 14402—2007		≤3.0	0.1
		芯材/（MJ/kg）	GB/T 14402—2007		≤3.0	1.7
		整体制品/（MJ/kg）	GB/T 14402—2007		≤3.0	0.1
5	烟气生成速率指数（SMOGRA）/（m²/s²）		GB/T 20284—2006	s1	≤30	0
6	600 s 内总产烟量（TSP$_{600s}$）/m²		GB/T 20284—2006		≤50	20
7	燃烧滴落物/微粒		GB/T 20284—2006	d0	600 s 内无燃烧滴落物/微粒	符合要求
8	产烟毒性，级		GB/T 20285—2006	t1	达到 ZA$_3$	ZA$_3$

2. 不燃高压树脂板（见表 13.27）

表 13.27　不燃高压树脂板单体燃烧性能测试

序号	检验项目	检验方法	分级	标准要求	检验结果
1	燃烧增长速率指数（FIGRA）/（W/s）	GB/T 20284—2006	B	≤120	0
2	600 s 内总热释放量（THR$_{600s}$）/MJ	GB/T 20284—2006		≤7.5	0.1
3	火焰横向蔓延长度（LFS）/m	GB/T 20284—2006		<试样边缘	符合要求
4	焰尖高度（F_s）/mm	GB/T 8626—2007		≤150	40
5	烟气生成速率指数（SMOGRA）/（m²/s²）	GB/T 20284—2006	s1	≤30	0
6	600 s 内总产烟量（TSP$_{600s}$）/m²	GB/T 20284—2006		≤50	17
7	燃烧滴落物/微粒	GB/T 20284—2006	d0	600 s 内无燃烧滴落物/微粒	符合要求
8	过滤纸是否被引燃	GB/T 8626—2007		过滤纸未被引燃	符合要求
9	产烟毒性/级	GB/T 20285—2006	t0	达到 ZA$_1$	ZA$_1$

3. 高压树脂层积板（见表 13.28）

表 13.28　高压树脂层积板单体燃烧性能测试

序号	检验项目	检验方法	分级	标准要求	检验结果
1	燃烧增长速率指数（FIGRA）/（W/s）	GB/T 20284—2006	C	≤250	207
2	600 s 内总热释放量（THR_{600s}）/MJ	GB/T 20284—2006		≤15	4.7
3	火焰横向蔓延长度（LFS）/m	GB/T 20284—2006		<试样边缘	符合要求
4	焰尖高度（F_s）/mm	GB/T 8626—2007		≤150	45
5	烟气生成速率指数（SMOGRA）/（m^2/s^2）	GB/T 20284—2006	s1	≤30	0
6	600 s 内总产烟量（TSP_{600s}）/m^2	GB/T 20284—2006		≤50	18
7	燃烧滴落物/微粒	GB/T 20284—2006	d0	600 s 内无燃烧滴落物/微粒	符合要求
8	过滤纸是否被引燃	GB/T 8626—2007		过滤纸未被引燃	符合要求
9	产烟毒性/级	GB/T 20285—2006	t1	达到 ZA_3	ZA_3

4. 玻璃钢天花板（见表 13.29）

表 13.29　玻璃钢天花板单体燃烧性能测试

序号	检验项目	检验方法	分级	标准要求	检验结果
1	燃烧增长速率指数（FIGRA）/（W/s）	GB/T 20284—2006	B	≤120	106
2	600 s 内总热释放量（THR_{600s}）/MJ	GB/T 20284—2006		≤7.5	7.3
3	火焰横向蔓延长度（LFS）/m	GB/T 20284—2006		<试样边缘	符合要求
4	焰尖高度（F_s）/mm	GB/T 8626—2007		≤150	50
5	烟气生成速率指数（SMOGRA）/（m^2/s^2）	GB/T 20284—2006	s2	≤180	22
6	600 s 内总产烟量（TSP_{600s}）/m^2	GB/T 20284—2006		≤200	139

序号	检验项目	检验方法	分级	标准要求	检验结果
7	燃烧滴落物/微粒	GB/T 20284—2006	d0	600 s 内无燃烧滴落物/微粒	符合要求
8	过滤纸是否被引燃	GB/T 8626—2007		过滤纸未被引燃	符合要求
9	产烟毒性/级	GB/T 20285—2006	t0	达到 ZA$_1$	ZA$_1$
10	燃烧热值（PCS）/（MJ/kg）	GB/T 14402—2007		—	7.9

5. 复合墙板（见表 13.30）

表 13.30 复合墙板单体燃烧性能测试

序号	检验项目	检验方法	标准要求		检验结果
1	燃烧增长速率指数（FIGRA）/（W/s）	GB/T 20284—2006		≤120	0
2	600 s 内总热释放量（THR$_{600s}$）/MJ	GB/T 20284—2006		≤7.5	0.1
3	火焰横向蔓延长度（LFS）/m	GB/T 20284—2006	B	<试样边缘	符合要求
4	焰尖高度（F$_s$）/mm	GB/T 8626—2007		≤150	40
5	过滤纸是否被引燃	GB/T 8626—2007		过滤纸未被引燃	符合要求
6	烟气生成速率指数（SMOGRA）/m^2/s^2	GB/T 20284—2006		≤30	0
7	600 s 内总产烟量（TSP$_{600s}$）/m^2	GB/T 20284—2006	s1	≤50	14
8	燃烧滴落物/微粒	GB/T 20284—2006	d0	600 s 内无燃烧滴落物/微粒	符合要求
9	产烟毒性/级	GB/T 20285—2006	t0	达到 ZA$_1$	ZA$_1$

6. 轻质隔墙板（见表 13.31）

表 13.31　轻质隔墙板单体燃烧性能测试

序号	检验项目	检验方法	标准要求		检验结果
一		面板			
1	炉内温升/℃	GB/T 5464—2010		≤30	3
2	持续燃烧时间/s	GB/T 5464—2010		0	0
3	质量损失率/%	GB/T 5464—2010		≤50.0	13.2
二		芯材			
1	炉内温升/℃	GB/T 5464—2010		≤30	4
2	持续燃烧时间/s	GB/T 5464—2010	A1	0	0
3	质量损失率/%	GB/T 5464—2010		≤50.0	19.8
三		总热值（PCS）			
1	面板/（MJ/kg）	GB/T 14402—2007		≤2.0	0.4
2	芯材/（MJ/kg）	GB/T 14402—2007		≤2.0	0.3
3	整体制品/（MJ/kg）	GB/T 14402—2007		≤2.0	0.4

7. SMC 复合材料（见表 13.32）

表 13.32　SMC 复合材料单体燃烧性能测试

序号	检验项目	检验方法	标准要求		检验结果
1	燃烧增长速率指数（FIGRA）/（W/s）	GB/T 20284—2006		≤250	168
2	600 s 内总热释放量（THR_{600s}）/MJ	GB/T 20284—2006		≤15	14.5
3	火焰横向蔓延长度（LFS）/m	GB/T 20284—2006	C	<试样边缘	符合要求
4	焰尖高度（F_s）/mm	GB/T 8626—2007		≤150	40
5	过滤纸是否被引燃	GB/T 8626—2007		过滤纸未被引燃	符合要求
6	烟气生成速率指数（SMOGRA）/（m^2/s^2）	GB/T 20284—2006		≤180	36
7	600 s 内总产烟量（TSP_{600s}）/m^2	GB/T 20284—2006	s2	≤200	241
8	燃烧滴落物/微粒	GB/T 20284—2006	d0	600 s 内无燃烧滴落物／微粒	符合要求
9	产烟毒性/级	GB/T 20285—2006	t1	达到 ZA_3	ZA_3

13.4.9 烟密度测试（GB/T 8627—2007）

1. PC + ABS 线槽（见表 13.33）

表 13.33 PC + ABS 线槽烟密度测试

序号	检验项目	检验方法	标准要求	检验结果
1	最大烟密度/%	GB/T 8627—2007	—	91
2	烟密度等级	GB/T 8627—2007	—	77

2. PVC 合金（见表 13.34）

表 13.34 PVC 合金烟密度测试

序号	检验项目	检验方法	标准要求	检验结果
1	最大烟密度/%	GB/T 8627—2007	—	87
2	烟密度等级	GB/T 8627—2007	—	72

3. 橡塑板（见表 13.35）

表 13.35 橡塑板烟密度测试

序号	检验项目	检验方法	标准要求	检验结果
1	氧指数/%	GB/T 2406.2—2009	—	37.5
2	最大烟密度/%	GB/T 8627—2007	—	66
3	烟密度等级	GB/T 8627—2007	—	44

4. 橡塑发泡保温管材（见表 13.36）

表 13.36 橡塑发泡保温管材烟密度测试

序号	检验项目	检验方法	检验结果
1	燃烧时间/s	GB/T 8333—2008	10
2	火焰高度/mm	GB/T 8333—2008	135
3	最大烟密度/%	GB/T 8627—2007	89
4	烟密度等级	GB/T 8627—2007	69

13.4.10　不燃性测试（GB/T 5464—2010）

1. 软连接布（见表 13.37）

表 13.37　软连接布不燃性测试

序号	检验项目	检验方法	标准要求		检验结果
1	炉内温升/°C	GB/T 5464—2010		≤30	6
2	持续燃烧时间/s	GB/T 5464—2010	A1	0	0
3	质量损失率/%	GB/T 5464—2010		≤50.0	4.5
4	热值/（MJ/kg）	GB/T 14402—2007		≤2.0	0.2

2. 发泡材料（见表 13.38）

表 13.38　发泡材料不燃性测试

序号	检验项目	检验方法	标准要求		检验结果
1	炉内温升/ °C	GB/T 5464—2010		≤30	3
2	持续燃烧时间/s	GB/T 5464—2010	A1	0	0
3	质量损失率/%	GB/T 5464—2010		≤50.0	0.7
4	热值/（MJ/kg）	GB/T 14402—2007		≤2.0	0.1

3. 墙板（见表 13.39）

表 13.39　墙板不燃性测试

序号	检验项目	检验方法	标准要求		检验结果
一		钢板			
1	炉内温升/°C	GB/T 5464—2010		≤30	2
2	持续燃烧时间/s	GB/T 5464—2010	A1	0	0
3	质量损失率/%	GB/T 5464—2010		≤50.0	0.8
二		蜂窝			
1	炉内温升/°C	GB/T 5464—2010		≤30	3
2	持续燃烧时间/s	GB/T 5464—2010	A1	0	0
3	质量损失率/%	GB/T 5464—2010		≤50.0	9.5

续表

序号	检验项目	检验方法	标准要求	检验结果
三	总热值（PCS）			
1	钢板/（MJ/kg）	GB/T 14402—2007	≤2.0	0.0
2	蜂窝/（MJ/kg）	GB/T 14402—2007	≤2.0	0.0
3	胶/（MJ/m²）	GB/T 14402—2007	≤1.4	0.1
4	整体制品/（MJ/kg）	GB/T 14402—2007	≤2.0	0.1

4. 无机不燃玻璃钢风管（见表 13.40）

表 13.40 无机不燃玻璃钢风管不燃性测试

序号	检验项目	检验方法	标准要求	检验结果
1	炉内温升/℃	GB/T 5464—2010	≤30	2
2	持续燃烧时间/s	GB/T 5464—2010	A1　0	0
3	质量损失率/%	GB/T 5464—2010	≤50.0	34.8
4	热值/（MJ/kg）	GB/T 14402—2007	≤2.0	0.2

13.4.11 小 结

（1）轨道交通内的材料，以不燃和难燃材料居多，只有少量可燃类材料。

（2）轨道交通材料中的铺地材料、家具座椅、窗帘织物、电线电缆的试验方法与我国现行国家标准较一致，但大部件材料及平板状板材的试验方法与现行标准相差较大。

（3）对滴落物的要求和判定各有不同，德国标准注重对燃烧滴落物测试。

13.5 产烟毒性测试

13.5.1 ISO 5659 产烟毒性测试

1. 烟气测试装置

傅立叶红外光谱烟气成分在线分析仪：CIC Photonics 公司，型号 IRGAS-100C。

定量谱库：HITRAN-database 系统标定得到 SFRI Calibration。

采样头：单孔采样头。

采样点：烟箱顶部出口。

采样条件：采样管加热温度 150 ℃，采样泵加热温度 150 ℃，气体池加热温度 180 ℃，压力 716 torr，气体池气体流量 2S LM。

具体测试数据见表 13.41 ~ 表 13.43。

检测成分：CO、CO_2、CH_4、H_2O、C_3H_4O、HCN、HCl、HF、HBr、NO、NO_2、SO_2。

标定气体：CO/N_2：989 ppm，四川天一科技股份有限公司。

2. 结　论

测试的 10 种城轨列车内装材料其产烟毒性结果见表 13.41 ~ 表 13.43，均能达到 EN 45545 HL1 级的要求。NBS 产烟箱（ISO 5659）无法获取通风不良情况下的火灾烟气，样品产生的毒性气体浓度较小。

表 13.41　4 min 时烟气浓度

样品名称	气体浓度							
	CO_2 /%	CO /ppm	NO_2 /ppm	SO_2 /ppm	HCl /ppm	HCN /ppm	HBr /ppm	HF /ppm
复合板材	0.09	15.21	3.48	0.19	1.31	0.00	0.59	0.00
橡胶地板	0.92	121.32	2.77	30.98	1.76	7.65	0.49	3.56
橡胶卷材	1.28	145.75	3.29	95.95	1.67	12.16	0.62	6.30
窗帘布	0.14	84.97	0.78	4.44	140.76	0.00	7.88	0.00
阻燃面料	0.15	4.03	1.36	4.55	3.39	108.96	0.00	2.91
阻燃泡沫	0.03	4.16	0.00	0.78	8.48	0.00	0.00	2.05
多功能装饰布	0.031	6.40	0.00	0.30	0.69	4.46	0.40	0.66
涤纶布	0.03	6.38	0.03	1.05	0.55	1.11	1.41	0.00
有机玻璃板	0.11	20.24	0.47	2.61	1.53	0.00	0.00	2.52
风管材料	0.064	4.65	0.00	1.27	0.00	0.00	0.23	2.48

表 13.42   8 min 时烟气浓度

样品名称	气体浓度							
	CO$_2$ /%	CO /ppm	NO$_2$ /ppm	SO$_2$ /ppm	HCl /ppm	HCN /ppm	HBr /ppm	HF /ppm
复合板材	0.68	83.72	6.09	1.35	2.10	1.82	0.81	5.05
橡胶地板	1.20	275.33	2.91	59.47	2.01	9.77	0.39	2.82
橡胶卷材	1.49	300.22	4.94	114.43	2.46	15.26	0.22	1.42
窗帘布	0.32	0.00	0.86	11.43	178.37	1.89	8.21	0.00
阻燃面料	0.25	50.85	0.59	1.69	2.66	107.97	0.00	4.61
阻燃泡沫	1.09	0	2.54	7.69	22.90	23.64	0.89	4.23
多功能装饰布	0.04	2.00	0.00	0.27	0.21	1.25	2.44	1.05
涤纶布	0.03	6.56	0.03	0.79	0.79	2.40	4.26	0.00
有机玻璃板	0.82	94.44	1.63	1.56	2.42	2.08	0.00	3.72
风管材料	0.22	9.72	3.59	4.94	1.14	0.00	0.00	4.40

表 13.43   城轨车辆内装材料按 ISO 5659-2:2013 标准测试结果

样品名称	烟密度（最大）	CIT4	CIT8	FED
复合板材	178.49（454 s）	0.0205	0.0578	0.0489
橡胶地板	530.85（145 s）	0.0766	0.1153	0.1024
橡胶卷材	530.22（170 s）	0.1538	0.1801	0.1646
窗帘布	132.03（214 s）	0.2829	0.3614	0.3268
阻燃面料	329.36（170 s）	0.2167	0.2162	0.2018
阻燃泡沫	201.78（90 s）	0.0217	0.1146	0.0945
多功能装饰布	7.63（601 s）	0.0129	0.0131	0.0122
涤纶布	49.04（600 s）	0.0085	0.0194	0.0167
有机玻璃板	315.45（590 s）	0.0157	0.0341	0.0294
风管材料	3.4（1148 s）	0.0092	0.0354	0.0295

13.5.2　NF X 70–100 产烟毒性测试

1. 测试方法

根据 EN 45545-2、DIN 5510-2、BS 6853 的要求，使用 NF X 70-100 标准产烟装置将样品进行热解。参照《Analysis of fire gases using Fourier infra-red technique（FTIR）》（ISO 19702）规定的方法使用傅立叶红外气体在线分析系统对电缆样品热解放出的烟气成分进行连续监测。

2. 测试设备

NF X 70-100 标准管式炉：中国科学院上海精密机械研究所定制。

傅立叶红外烟气分析仪：CIC Photonics 公司，型号 IRGAS-100C。

定性标准谱库：HITRAN-database。

定量标准谱库：SFRI Calibration。

定量分析软件：SPGAS。

采样条件：采样管加热温度 150 ℃，采样泵加热温度 150 ℃，气体池加热温度 180 ℃，压力 716 torr，气体池气体流量 2 SLM。

3. 样品信息（见表 13.44）

表 13.44　样品基本信息

样品名称	规格型号	生产厂家
120 Ω对称电缆	SEYYP-120 32×2×0.4	市售
低烟无卤细微同轴电缆	SYFYZP-MC 75-1-1×42	市售
交联聚乙烯绝缘低烟无卤护套阻燃软电缆		江苏天诚线缆集团有限公司
低烟无卤电缆	3REN 3125 0.6/1 kV（FEW925100106）	成都普天电缆股份有限公司
低烟无卤电缆	3REN 3125 0.6/1 kV（CAR1255Y0912433）	成都普天电缆股份有限公司

4. 测试结果（见表 13.45）

表 13.45　电缆材料的烟气浓度

样品名称	成分	CO	NO	NO$_2$	SO$_2$	CO$_2$	HCl	HF	HBr	HCN	Acrolein	NH$_3$	CH$_4$
120 Ω对称电缆	累积浓度/ppm	499 649	不确定	不确定	0	1 354 128	0	0	0	0	14 974	27 533	148 691
	平均浓度/ppm	1 439	不确定	不确定	0	3 902	0	0	0	0	43	79	428
	以被检成份计算的 Toxicity Index	1.01											
低烟无卤细微同轴电缆	累积浓度/ppm	1 575 181	不确定	不确定	0	4 299 665	0	0	0	0	18 189	36 234	216 627
	平均浓度/ppm	4 847	不确定	不确定	0	13 229	0	0	0	0	55	111	665
	以被检成份计算的 Toxicity Index	2.98											

样品名称	成分	NO	NO$_2$	HCl	HF	HBr	Aclorein	CO	CO$_2$	SO$_2$	HCN	CH$_4$	NH$_3$
交联聚乙烯绝缘低烟无卤燃烧阻软电缆	累积浓度/ppm	0	0	0	0	0	1812	533 985	920 650	0	0	74 887	7 531
	平均浓度/ppm	0	0	0	0	0	6	1 648	2 841	0	0	231	23
	以被检成份计算的 Toxicity Index	1.94											

续表

样品名称	成分	NO	NO$_2$	HCl	HF	HBr	Aclorein	CO	CO$_2$	SO$_2$	HCN	CH$_4$
低烟无卤阻燃电缆 FEW92510 0106	累积浓度/ppm	0	0	0	0	0	0	162 913	106 346	0	0	27 506
	平均浓度/ppm	0	0	0	0	0	0	1 108	723	0	0	187
	材料产烟浓度/(mg/g)	0	0	0	0	0	0	139	142	0	0	13
	以被检合成份计算的 Toxicity Index					0.51						
低烟无卤阻燃电缆 CAR1255 Y0912433	累积浓度/ppm	0	0	0	0	0	0	109 097	73 084	0	0	15 403
	平均浓度/ppm	0	0	0	0	0	0	902	604	0	0	127
	材料产烟浓度/(mg/g)	0	0	0	0	0	0	111	117	0	0	9
	以被检合成份计算的 Toxicity Index					0.41						

5. 小 结

（1）各国对轨道客车用材料产烟毒性的评价方法在产烟装置、烟气成分分析方法和评价模型方面都有各自的做法。不同的评价方法其侧重点有所不同。

（2）经试验研究发现，国家标准 GB 20285—2006 产烟方法结合 ISO 13344 的毒性评价方法使评价结果的重现性更佳，评价结果也更为苛刻。

13.6　本章小结

13.6.1　轨道车辆用材料防火性能方面

（1）每个国家的标准针对不同材料采用不同试验方法，虽然方法不同，但都有对应关系。

（2）轨道交通中的材料，以不燃和难燃材料居多，只有少量可燃类材料。

（3）轨道交通材料中的铺地材料、家具座椅、窗帘织物、电线电缆的试验方法与我国现行标准较一致，但大部件材料及平板状板材的试验方法与我国现行标准有较大区别。

（4）对滴落物的要求和判定各有不同，德国标准注重对燃烧滴落物测试。

13.6.2　轨道车辆用材料产烟毒性方面

（1）各国对轨道列车用材料火灾时产生的毒性气体都非常重视，相关标准中都对轨道客车用材料的产烟毒性进行了专门的规定。

（2）各国对轨道客车用材料产烟毒性的评价方法在产烟装置、烟气成分分析方法和评价模型方面都有各自的做法。不同的评价方法将导致评价结果的不一致。

（3）经试验研究发现，国家标准 GB 20285—2006 产烟方法结合 ISO 13344 的毒性评价方法使评价结果的重现性更佳，评价结果也更为苛刻，因此，虽然在标准制定中采用了 ISO 5658 的产烟装置，但我们认为使用 GB 20285 的产烟装置也同样适用。

第14章

城市轨道客车防火通用技术规程

14.1 前 言

城市轨道交通为采用轨道结构进行承重和导向的车辆运输系统，依据城市交通总体规划的要求，设置全封闭或部分封闭的专用轨道线路，以列车或单车形式，运送相当规模客流量的公共交通方式。《城市公共交通分类标准》中还明确城市轨道交通包括：地铁系统、轻轨系统、单轨系统、有轨电车等。城市轨道交通是城市公共交通的骨干，具有节能、省地、运量大、全天候、无污染（或少污染）、安全等特点，属绿色环保交通体系，特别适应于大中城市。目前，我国包括铁路、地铁、轻轨、有轨电车在内的轨道交通建设正处于一个高速发展阶段，2007 年我国在轨道车辆上就新增投入 300 多亿，目前已有各类轨道客车 4 万多辆。城市轨道客车被比作在陆地上移动的建筑，密集人群在相对密闭的空间内活动，一旦发生火灾将对人员生命安全造成严重威胁。

二十世纪七八十年代，各国开始认真研究城市轨道客车的防火措施，制订防火技术标准。我国轨道交通相关标准的制修订起步较晚，目前还没有完整的轨道交通防火技术标准。随着国家轨道交通建设的发展，标准的制订刻不容缓。轨道交通火灾有其特殊性，一旦发生火灾，火灾的扑救和人员的疏散与建筑火灾有很大不同。针对轨道交通车辆防火，轨道客车内饰材料的燃烧和耐火显得尤为重要，应根据实际情况制定适合我国现状的轨道客车防火及耐火要求。

2017 年 5 月，中国工程建设标准化协会文件（建标协字〔2017〕014 号）发布《关于印发〈2017 年第一批工程建设协会标准制定、修订计划〉的通知》的要求，由应急管理部四川消防研究所（原公安部四川消防研究所）牵头负责的《城市轨道客车防火通用技术规程》正式立项。

14.2 轨道客车防火要求

基于轨道客车载客数量多、火灾风险大等特点，欧盟国家对轨道客车的火灾特性有严格的标准要求。欧盟目前发布的轨道客车燃烧性能分级标准 EN 45545 包括 7 个部分，其中 EN 45545-2 规定了轨道客车用材料的燃烧性能分级方法。

德国标准对于测试程序及燃烧行为和燃烧排出物的分类等级按照《铁路车辆防火 第 2 部分：材料及部件的火行为及其影响分类、要求和测试方法》（DIN 5510-2）的规定，材料及其组件（包括车体的外部与内部所用材料）的可燃性、烟的发展、熔滴等性能必须满足最终的使用要求。本标准适用于轨道车辆，这些车辆属于铁路建设和运营规定（EBO）、窄轨铁路建设和运营规定（ESBO）、磁悬浮铁路建设和运营规定（MbBO）以及有轨电车建设和运营规定（BOSstrab）的范围。

英国标准 BS 6853 强化了铁路车辆设计者和制造商的责任，鼓励他们使用在火焰中释放较少有毒物质、更为安全的材料。该标准的目的在于保证旅客在载客列车上或其周围时的安全。

欧盟标准 EN 45545-2:2013 为国际铁路联盟 UIC 和不同欧洲国家的铁路车辆防火安全规范。该标准结合了当前欧洲主要轨道防火标准，主要目的是根据材料燃烧性能、热量释放、烟密度和烟气毒性来判定材料的等级。根据产品的最终用途、火灾风险程度，EN45545-2:2013 标准将测试划分为 R1 ~ R26 共 26 个不同的类别。根据车辆用途将车辆分为 4 个类型，将火灾风险等级分为三个等级（HL1、HL2、HL3），其中 HL3 火灾风险最高，并从材料的燃烧性、火焰传播速率、热释放量、烟雾释放量和毒性等多个方面进行综合测试及评定。

中华人民共和国住房和城乡建设部制定了标准 CJ/T 416—2012，该标准适用于地铁车辆、单轨车辆、轻轨车辆等，对城市轨道车辆的部件和材料的防火性能提出了要求，其主要分级方法参照了德国标准 DIN 5510-2。

中华人民共和国原铁道部制定了标准 TB/T 3237—2010 和 TB/T 3138—2006。TB/T 3237—2010 对动车组用内装材料的阻燃性做出了规定，燃烧性能标准采用欧盟标准 UIC 564-2-1991，烟密度和毒性采用的是国家标准 GB/T 8323.2—2008。而 TB/T 3138-2006 适用于速度低于 200 km/h 的铁道机车车辆。该标准主要对铁道机车车辆用阻燃材料提出了要求。试验方法都是参照国家标准。不仅涉及材料的燃烧性能，也有一些理化性能的要求。

相对来说，德国标准 DIN 5510-2，英国标准 BS 6853，欧盟标准 EN 45545-2:2013 的应用范围最广，这三个标准有类似的地方，也有不同的地方，见表 14.1。

表 14.1　DIN 5510-2、BS 6853 和 EN 45545-2 三者之间的对应关系

序号	检验项目	DIN 5510-2	BS 6853	EN 45545-2
1	可燃性试验	DIN 53438-3 可燃材料试验 燃烧器的燃烧特性 平面燃烧	BS 476-6 对建筑材料和结构的着火试验 第6部分：产品火焰传播指数的测试方法	EN ISO 11925-2 燃烧测试，遭受火焰的建筑产品的可燃性 第二部分：单一火源测试
2	织物试验	DIN 54333-1 织物试验 燃烧特性测定；水平方法；边缘燃烧 DIN 54332 织物试验 测定织物燃烧特性	BS 5438 样本垂直放置时，表面或底部边沿以小火焰燃烧，纺织品可燃性测试	EN ISO 12952-3 纺织品 床上用品的燃烧性能
3	座椅试验	DIN 54341 铁路车辆座椅试验用纸垫测定燃烧特性	BS 476-7 对建筑材料和结构的着火试验 第7部分：产品火焰表面延伸等级确定的测试方法	ISO/TR 9705-2 防火测试 表面产品的大型室箱测试
4	材料和小部件试验	DIN 54837 铁路车辆用材料和小构件试验测定气体燃烧器的燃烧特性	BS 476-7 对建筑材料和结构的着火试验 第7部分：产品火焰表面延伸等级确定的测试方法	EN ISO 5658-2 防火测试 火焰的延伸 第2部分：火焰在垂直结构的建筑产品和交通运输材料的横向传播 EN ISO5660-1 燃烧性能测定 热量释放，烟雾产生和质量的损失 第1部分：热量释放率

续表

序号	检验项目	DIN 5510-2	BS 6853	EN 45545-2
5	铺地材料试验	ISO 9239-1 地板防火性能测试 第 1 部分:辐射热源的燃烧性能的测试	BS ISO 9239-1 地面材料的火焰水平表面延伸—第 1 部分:利用燃烧源辐射热的火焰延伸	EN ISO 9239-1 地面材料防火测试 第一部分:使用辐射热源测定燃烧性能
6	烟密度及毒性试验	EN 5659-2 烟密度及毒性测试	BS ISO 5659-2 烟的产生 第 2 部分:烟密度的确定 NF X70-100 高温条件下毒性测试 NF X 10-702 烟的产生 通过燃烧测量烟的可视度或通过高温分解测量固体材料测量试验	EN ISO 5659-2 烟雾的产生－第 2 部分:通过单箱测试判定光线密度 NF X70-100:燃烧特性试验-对高温分解和燃气的分析-管式蒸馏法。
7	电线电缆试验	DIN EN 50266-2 电线电缆多根成束垂直燃烧测试	BS4066-3,电线电缆着火条件下测试 第3部分:成捆电线电缆测试	DIN EN 50266-2 线缆着火条件下的通用测试方法 整束线缆的垂直燃烧测试

目前,国际上轨道交通大多采用欧盟的标准,与我国的采标体系比较吻合,且认可度较高。EN 45545 将材料分为 26 类,一些典型材料的分类见表 14.2。

表 14.2　EN 45545-2 材料分类和测试方法

项目	产品用途	测试内容	测试方法标准
EN 45545-2 R1	表面材料,覆面材料	火焰的延伸试验 燃烧热量释放试验 烟雾密度测试 烟雾毒性测试	ISO 5658-2 ISO 5660-1 ISO 5659-2 ISO 5659-2

续表

项目	产品用途	测试内容	测试方法标准
EN 45545-2 R4	空调过滤材料	小火焰燃烧	ISO 11925-2
		燃烧热量释放	ISO 5660-1
		烟雾密度测试	ISO 5659-2
		烟雾毒性测试	ISO 5659-2
EN 45545-2 R7	地面及地面覆盖材料	燃烧热量释放	ISO 5660-1
		灭火时的临界辐射热流	ISO 9239-1
		烟雾密度测试	ISO 5659-2
		烟雾毒性测试	ISO 5659-2
EN 45545-2 R14，R15	电线电缆	单根线缆燃烧试验	EN 60332-1-2
		成束线缆燃烧试验	EN 50266-2-4
		烟雾密度测试	EN 61034-2
		烟雾毒性测试	NF X70-100-1 & 2
EN 45545-2 R23	小范围材料 电子电器产品	氧指数测定	EN ISO 4589-2
		烟雾密度测试	EN ISO 5659-2
		烟雾毒性测试	NF X70-100-1 & 2
EN45545-2 R20	床上用品（地毯、被子、枕头、睡袋、被单）	小火焰燃烧测试	EN ISO 12925-2
		燃烧热释放量测试	EN ISO 5660-1
		烟密度测试	EN ISO 5659-2
		毒性测试	EN ISO 5659-2
EN45545-2 R22，R23	密封条、软管、小区域材料、连接设备	氧指数测定	EN ISO 4589-2
		烟密度测试	EN ISO 5659-2
		毒性测试	NF X70-100-1 & 2

14.3　轨道客车材料防火性能测试

14.3.1　测试材料

　　EN 45545 将材料细分为 26 类，根据材料的使用部位又将材料分为五大类，见表 14.3。

表 14.3　城市轨道交通车辆内饰材料分类

序号	分类	产品名称
1	内装材料	列车内表面上部（中顶板、侧顶板、灯具罩），列车内表面（侧墙板、侧墙立罩板、端墙板、客室间壁、司机室间壁），油漆，列车内表面（防火密封条、风管、压条及贯穿件），地板，地板布，隔热材料，隔音材料，防寒材料
2	外装材料	车身外壳（顶部、底部、外立面），外风管，车顶部件，油漆，贯穿件外表面，外部密封件，隔音材料，隔热材料
3	座椅及组件	座椅、扶手、背壳、底壳、头枕、坐垫、表层装饰物、泡沫层、夹层材料
4	电气设备	电线电缆、护套、绝缘材料、防潮材料、可燃绝缘液体、供电系统装置、电路板、电气产品附件、电气设备外壳等
5	机械设备（管道附件）	塑料软管、柔性橡塑材料、保温材料

因此本研究选择地面材料、墙面材料、电缆光缆材料、纺织品材料、橡塑类材料、少量泡沫类材料以及管道类材料进行对比测试。

14.3.2　热释放速率测试（GB/T 16172—2007 等同于 ISO 5660-1）

1. 多层板（见表 14.4）

表 14.4　多层板热释放速率测试

序号	检　验　项　目	检　验　方　法	检验结果
1	点燃时间/s	ISO 5660-1:2015	20
2	单位面积热释放速率峰值/（kW/m²）	ISO 5660-1:2015	145.8
3	引燃后 180 s 内的热释放速率平均值/（kW/m²）	ISO 5660-1:2015	42.3
4	放热总量/（MJ/m²）	ISO 5660-1:2015	52
5	平均有效燃烧热/（MJ/kg）	ISO 5660-1:2015	6.1
6	产烟总量/m²	ISO 5660-1:2015	0.1
7	单位面积产烟总量/（m²/m²）	ISO 5660-1:2015	16.3
8	单位面积平均质量损失率/[g/(m²·s)]	ISO 5660-1:2015	4.5

试验曲线如图 14.1 和图 14.2 所示。

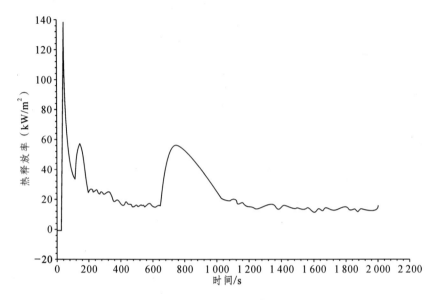

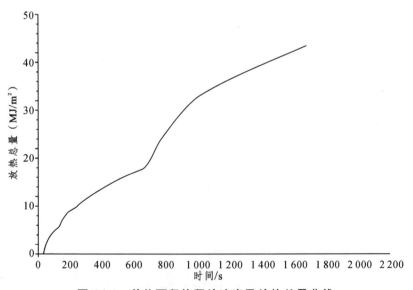

图 14.1　单位面积热释放速率及放热总量曲线

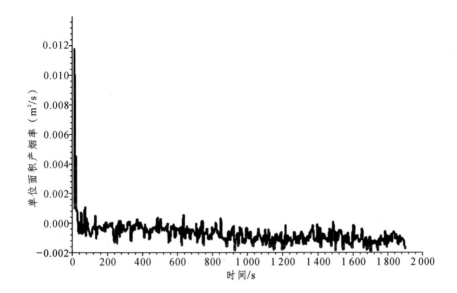

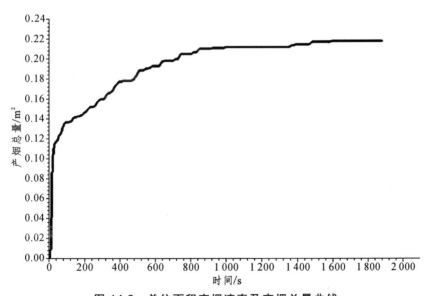

图 14.2　单位面积产烟速率及产烟总量曲线

2. 中纤板（见表 14.5）

表 14.5　中纤板热释放速率测试

序号	检 验 项 目	检 验 方 法	检验结果
1	单位面积热释放速率峰值/（kW/m^2）	ISO 5660-1-2015	167[1] 221[2]
2	放热总量/（MJ/m^2）	ISO 5660-1-2015	86.2[1] 107.0[2]
3	产烟速率峰值/（m^2/s）	ISO 5660-1-2015	0.009[1] 0.013[2]
4	总产烟量/m^2	ISO 5660-1-2015	1.3[1] 2.6[2]

注：1. 辐射照度 35 kW/m^2；
　　2. 辐射照度 50 kW/m^2。

3. 胶合板（见表 14.6）

表 14.6　胶合板热释放速率测试

序号	检验项目	检验方法	检验结果
1	单位面积热释放速率峰值/（kW/m^2）	ISO 5660-1-2015	124[1] 202[2]
2	放热总量/（MJ/m^2）	ISO 5660-1-2015	86.0[1] 107.9[2]
3	产烟速率峰值/（m^2/s）	ISO 5660-1-2015	0.006[1] 0.015[2]
4	总产烟量/m^2	ISO 5660-1-2015	0.5[1] 1.2[2]

注：1. 辐射照度 35 kW/m^2；
　　2. 辐射照度 50 kW/m^2。

4. 防火板饰面木工板（见表 14.7）

表 14.7　防火板饰面木工板热释放速率测试

序号	检验项目	检验方法	检验结果
1	单位面积热释放速率峰值/（kW/m^2）	ISO 5660-1-2015	123
2	放热总量/（MJ/m^2）	ISO 5660-1-2015	94.0
3	产烟速率峰值/（m^2/s）	ISO 5660-1-2015	0.009
4	总产烟量/m^2	ISO 5660-1-2015	0.7

14.3.3 比光密度测试（ISO 5659-2-2012）

1. 岩棉管（见表 14.8）

表 14.8 岩棉管比光密度测试

序号	检验项目	检验方法	检验结果
1	最大比光密度（$D_{s,\max}$）	ISO 5659-2:2006	0.30[1]
			0.42[2]
			3.15[3]
			0.76[4]

注：1. 25 kW/m², 有引火焰；
    2. 25 kW/m², 无引火焰；
    3. 50 kW/m², 无引火焰；
    4. 50 kW/m², 有引火焰。

2. 亚克力浇铸板（见表 14.9）

表 14.9 亚克力浇铸板比光密度测试

序号	检验项目		检验方法	检验结果
1	热释放速率	单位面积热释放速率峰值/（kW/m²）	GB/T 16172-2007	617.32
		放热总量/（MJ/m²）		55.4
2	最大比光密度（$D_{s,\max}$）		ISO 5659-2-2012	168.16[1]
				156.84[2]
				207.17[3]
				201.86[4]

注：1. 25 kW/m², 有引火焰；
    2. 25 kW/m², 无引火焰；
    3. 50 kW/m², 无引火焰；
    4. 50 kW/m², 有引火焰。

14.3.4 火焰侧向蔓延测试（ISO 5658-2：2006）

1. 塑胶帘布（见表 14.10）

表 14.10 塑胶帘布火焰侧向蔓延测试

序号	检验项目		检验方法	检验结果
1	侧向火焰蔓延	点燃热量/（MJ/m²）	ISO 5658-2:2006	0.7
		临界热辐射通量/（kW/m²）		10.1
		持续燃烧平均热量/（MJ/m²）		0.6
		燃烧滴落物/微粒		无
		试验时间/s		357
2	热释放速率	单位面积热释放速率峰值/（kW/m²）	GB/T 16172-2007	258.44
		放热总量/(MJ/m²)		22.1

2. 有机隔板（见表 14.11）

表 14.11 有机隔板火焰侧向蔓延测试

序号	检验项目		检验方法	检验结果
1	侧向火焰蔓延	点燃热量/（MJ/m²）	ISO 5658-2:2006	2.5
		临界热辐射通量/（kW/m²）		8.8
		持续燃烧平均热量/（MJ/m²）		3.5
		燃烧滴落物/微粒		有
		试验时间/s		734

3. 亚克力浇铸板（见表 14.12）

表 14.12　亚克力浇铸板火焰侧向蔓延测试

序号	检验项目		检验方法	检验结果
1	侧向火焰蔓延	点燃热量/（MJ/m²）	ISO 5658-2:2006	1.27
		临界热辐射通量/（kW/m²）		1.2
		持续燃烧平均热量/（MJ/m²）		1.22
		燃烧滴落物/微粒		有
		试验时间/s		857

4. 绝缘橡胶板（见表 14.13）

表 14.13　绝缘橡胶板火焰侧向蔓延测试

序号	检验项目		检验方法	检验结果
1	侧向火焰蔓延	点燃热量/（MJ/m²）	ISO 5658-2:2006	1.7
		临界热辐射通量/（kW/m²）		8.8
		持续燃烧平均热量/（MJ/m²）		2.0
		燃烧滴落物/微粒		有
		试验时间/s		497

14.3.5　材料单体燃烧测试（GB/T 20285-2006）

1. 热固性树脂浸渍纸高压装饰层积板（见表 14.14）

表 14.14　热固性树脂浸渍纸高压装饰层积板材料单体燃烧测试

序号	检验项目		检验方法	分级	技术指标	检验结果	结论
1	可燃性	60 s 内焰尖高度/mm	GB/T 8626-2007		≤150	60	合格
		燃烧滴落物引燃滤纸现象			过滤纸未被引燃	过滤纸未被引燃	
2	单体燃烧性能	燃烧增长速率指数/（W/s）	GB/T 20284-2006	C 级	≤250	143	合格
		600 s 总热释放量/MJ			≤15.0	3.8	
		火焰横向蔓延			未到达试样长翼边缘	未到达试样长翼边缘	
		烟气生成速率指数/（m²/s²）		s1 级	≤30	0	符合
		600 s 总烟气生成量/m²			≤50	28	
		燃烧滴落物/微粒		d0 级	600 s 内无燃烧滴落物/微粒	600 s 内无燃烧滴落物/微粒	符合

2. 纤维增强树脂板（见表 14.15）

表 14.15　纤维增强树脂板材料单体燃烧测试

序号	检验项目		检验方法	分级	技术指标	检验结果	结论
1	总热值/（MJ/kg）		GB/T 14402—2007		≤3.0	2.0	合格
2	单体燃烧性能	燃烧增长速率指数/（W/s）	GB/T 20284—2006	A2 级	≤120	16	合格
		600 s 总放热量/MJ			≤7.5	1.6	
		火焰横向蔓延			未到达试样长翼边缘	未到达试样长翼边缘	
		烟气生成速率指数/（m²/s²）		s1 级	≤30	0	符合
		600 s 总烟气生成量/m²			≤50	18	
		燃烧滴落物/微粒		d0 级	600 s 内无燃烧滴落物/微粒	600 s 内无燃烧滴落物/微粒	符合

3. 阻燃树脂（见表 14.16）

表 14.16　阻燃树脂材料单体燃烧测试

序号	检验项目		检验方法	分级	技术指标	检验结果	结论
1	可燃性	60 s 内焰尖高度/mm	GB/T 8626—2007		≤150	50	合格
		燃烧滴落物引燃滤纸现象			过滤纸未被引燃	过滤纸未被引燃	
2	单体燃烧性能	燃烧增长速率指数/（W/s）	GB/T 20284—2006	B 级	≤120	71	合格
		600 s 总热释放量/MJ			≤7.5	6.3	
		火焰横向蔓延			未到达试样长翼边缘	未到达试样长翼边缘	
		烟气生成速率指数/（m²/s²）		s2 级	≤180	14	符合
		600 s 总烟气生成量/m²			≤200	88	
		燃烧滴落物/微粒		d0 级	600 s 内无燃烧滴落物/微粒	600 s 内无燃烧滴落物/微粒	符合

14.3.6 小　结

（1）每个国家针对轨道客车用材料采用的标准方法都不一样，但基本上都以欧盟标准为主，与我国目前采用的标准方法较一致。

（2）轨道客车内装材料，以不燃和难燃材料居多，大多数能满足国家标准 GB 8624 中 B_1 级的要求，只有少量可燃类材料。

（3）轨道客车内装材料中的铺地材料、家具座椅、窗帘织物、电线电缆材料的烟密度和毒性试验方法与国家标准的试验方法基本一致。针对大部件材料及平板状板材，建筑防火领域和轨道交通领域的燃烧性能试验方法相差较大，建筑类材料采用单体试验的方法，而轨道客车材料采用锥形量热计测试热释放速率和低波焰测试火焰横向传播。

（4）欧盟标准更多关注材料的热释放速率和在水平方向的横向传播，与建筑物材料关注竖向传播有很大的不同。

14.4 产烟毒性测试方法

课题组根据实地调研结果按用途分类选取了某市地铁车辆、有轨电车车辆中具有代表性的城轨车辆内饰材料，按照 ISO 5659、GB 20285 的方法进行了材料产烟毒性测试，以探讨不同标准对产烟毒性评价的规律。

14.4.1 样品制备

按《塑料-烟气生成测定 第 2 部分：单烟箱光密度测试》（ISO 5659-2：2012）标准的要求，将样品制成边长为（75±1）mm 的正方形。

按《材料产烟毒性危险分级》（GB/T　20285—2006）标准的要求，将样品制成长（350＋50）mm 的条状，质量（10±5）g。

试样在环境温度（23±2）℃、相对湿度（50±5）%的条件下进行状态调节至少 24 h 以达到质量恒定。

14.4.2　试验装置

产烟装置：SDC 烟密度试验箱、材料产烟毒性危险分级试验装置。

烟气成分分析装置：傅立叶红外光谱烟气成分在线分析仪，CIC Photonics 公司，型号 IRGAS-100C；定量谱库 HITRAN-database 系统标定得到 SFRI Calibration。

14.4.3　毒性测试结果对比

毒性测试结果对比表 14.17。

表 14.17　毒性测试结果对比

样品名称	烟密度（最大）	CIT4（EN 45545）	CIT8（EN 45545）	毒性等级（附录 A）
复合板材	178.49（454 s）	0.0205	0.0578	ZA2
橡胶地板	530.85（145 s）	0.0766	0.1153	ZA1
橡胶卷材	530.22（170 s）	0.1538	0.1801	ZA2
窗帘布	132.03（214 s）	0.2829	0.3614	ZA2
阻燃面料	329.36（170 s）	0.2167	0.2162	ZA3
阻燃泡沫	201.78（90 s）	0.0217	0.1146	WX
多功能装饰布	7.63（601 s）	0.0129	0.0131	WX
涤纶布	49.04（600 s）	0.0085	0.0194	ZA3
有机玻璃板	315.45（590 s）	0.0157	0.0341	ZA2
风管材料	3.4（1 148 s）	0.0092	0.0354	AQ2

14.4.4　分析与结论

项目组选取具有代表性的城轨客车内饰材料，按照 ISO 5659、GB 20285 的方法进行了材料产烟毒性测试，以探讨不同标准对产烟毒性评价的规律。结果表明，国内大部分城轨客车用材料的毒性等级能达到 ZA$_2$ 级，部分材料能达到毒性更小的 AQ 级；城轨客车在运行期间人员密集，特别是地下运行的城轨客车，一旦发生火灾，由于通风不畅，火灾烟气对人员生命的威胁将大幅增加。因此，相较于普通建筑，我们更应关注城轨客车用材料的产烟毒性问题。EN 45545-2 使用的毒性指数评价方法对材料产烟毒性的评价较为宽松，如阻燃泡沫、多功能装饰布等毒性危害较大的材料，通过了 EN 45545 的毒性测试，但未能通过本规程附录 A 的毒性测试，由于我国轨道交通乘员人数较多，为减少火灾烟气毒性对人员的影响，未采用 EN 45545 的毒性评价标准来评价我国的轨道客车用材料。本规程参考《材料产烟毒性危险分级》（GB 20285），采用静态管式炉热解动物暴露染毒或成分分析的方法评价城轨客车材料的产烟毒性，更符合我国国情。

14.5　地铁列车烟气填充试验

保证列车内人员安全疏散的关键是列车到达危险状态的时间必须大于人员完成全部疏散所需时间，这样才能保证有足够的时间使人员疏散到安全区域，最大可能地减少人员伤亡。车厢内烟气的高度、温度、能见度、有害气体浓度是影响人员疏散与救援行动的主要障碍。列车在火灾中是否需要停车、开门等一系列措施都应根据烟气在列车中的蔓延情况来确定。本研究应用冷烟试验法对地铁列车火灾时烟气的蔓延情况进行了研究。

实验用列车为地铁 B 型，车长 19 m，宽 2.8 m。该类型列车在北京、天津、成都、武汉、沈阳、重庆、郑州、哈尔滨、长沙等城市均有采用。

冷烟测试采用人工冷烟方法来模拟火灾烟气，可以测试研究烟气蔓延情况，冷烟试验不会对试验场所造成明显的污染。

14.5.1　不开启列车车门

1. 试验工况

本次试验目的是考察列车不开启车门时的烟气填充情况。现场冷烟试验发烟点位于列车中部，如图 14.3 所示。

图 14.3　列车车门未开启现场冷烟试验发烟位置

2. 试验现象

烟气的蔓延状况如下：

（1）如图 14.4 所示，试验开始。

（2）如图 14.5 所示，烟气贴附在列车顶部扩散，未发生明显下沉。

（3）如图 14.6 所示，随时间推移，烟气扩散到达列车两端，同时烟层厚度和浓度增加。

（4）如图 14.7～图 14.9 所示，试验进行到 1 min 20 s，烟气在列车内充满，烟气开始由车厢门缝隙向车外溢出。

图 14.4　试验过程烟气蔓延状况 1

图 14.5　试验过程中烟气蔓延状况 2

图 14.6　试验过程中烟气蔓延状况 3

图 14.7　试验过程中烟气蔓延状况 4

图 14.8　试验过程中烟气蔓延状况 5

图 14.9　试验过程中烟气蔓延状况 6

14.5.2　开启列车车门

1. 试验工况

本次试验目的是为了考察列车开启车门时的烟气填充情况。现场冷烟试验发烟位置如图 14.10 所示，发烟点位于列车中部。

图 14.10　列车车门开启现场冷烟试验发烟位置

2. 试验现象

烟气的蔓延状况如下：

（1）如图 14.11 所示，试验开始。

（2）如图 14.12 所示，烟气贴附在列车顶部扩散，未发生明显下沉。

（3）如图 14.13 所示，随时间推移，烟气扩散到达列车两端，同时烟层厚度和浓度增加。

（4）如图 14.14～图 14.16 所示，试验进行到 50 s，烟气开始由车厢门和端门向外溢出。

（5）如图 14.17 所示，烟气填充满车厢的时间明显变长，试验至 2 min 30 s 才填充满车厢。

图 14.11　试验过程中烟气蔓延状况 1

图 14.12　试验过程中烟气蔓延状况 2

图 14.13　试验过程中烟气蔓延状况 3

图 14.14　试验过程中烟气蔓延状况 4

图 14.15　试验过程中烟气蔓延状况 5

图 14.16　试验过程中烟气蔓延状况 6

图 14.17 试验过程中烟气蔓延状况 7

14.5.3   小   结

试验结果表明，在列车车厢内发生火灾，未开启车门的情况下，在 1 min 20 s 时烟气就会填充满车厢；而在及时开启车门时，其填充时间会延长到 2 min 30 s。所以在火灾发生时若能及时开启列车车门，将能有效延长车厢内烟气沉降速度。在列车发生火灾时，若能结合车站或区间隧道的防排烟设计，通过关闭或开启列车车门，可有效改善人员疏散环境，对降低火灾造成的人员伤害有积极作用。

14.6   本章小结

为提高城市轨道客车的火灾安全性，统一我国城市轨道客车防火安全设计，提升我国城市轨道客车在国际贸易中的地位，项目组参考美国、欧盟等发达国家的轨道客车相关标准，结合我国实际情况，广泛征求相关专家意见，通过大量试验验证，编制了《城轨车辆防火通用技术规程》（T/CECS 819—2021）。本规程包含以下内容：一、范围；二、术语和定义；三、车辆防火等级；四、部件和材料的防火性能等级及要求；五、结构耐火性及防火分隔；六、电气防火要求；七、消防设施；八、疏散；九、车辆消防管理及应急措施。

该规程着重从车辆防火等级、部件和材料的防火性能等级、材料产烟毒性、结构耐火性、电气防火、消防设施、人员疏散、车辆消防管理及应急措施等方面对城轨车辆的防火安全进行了规定。在材料燃烧性能评价方面，参考《建筑材料及制品燃烧性能分级》（GB 8624），简化了燃烧性能分类，可操作性更强。参考我国的材料产烟毒性评价体系建立基于成分分析法的毒性评价方法。根据我国国情增加了疏散及消防管理内容，防火技术体系设置更为合理。各指标的确定既考虑车辆防火的科学性和可操作性，又符合我国现阶段生产水平及城轨车辆行业发展战略规划，同时还考虑了与发达国家标准的兼容性，有效提升了城轨列车防火安全水平。本规程已于 2021 年 7 月 1 日发布实施。

附录 1　地铁列车防火挡烟帘防烟试验方法

1　范围

本试验方法规定了地铁列车防火挡烟帘防烟试验的试验装置、试验程序及判定依据。本方法适用于评价地铁列车防火挡烟帘在火灾环境下的防烟特性。

2　术语和定义

下列术语和定义适用于本标准。

2.1 地铁列车防火挡烟帘 Fire protection smoke curtain for subway train

安装在地铁列车两节车厢之间，火灾时能够阻止烟气水平流动的垂直分隔物。

3　试验装置

3.1　地铁列车防火挡烟帘

实体火灾试验在地铁车厢内进行，采用 5 块烟饼作为发烟源，烟饼平铺放置在地铁车厢（发烟车厢）地面的中心位置，烟饼放置位置示意图见附录 2。试验中所用烟饼直径 70 mm，厚度 15 mm，发烟时间 2 min，成分为氯化铵 70%、松香 15%、面粉 15%。

3.2　透光率测试

透光率测试采用激光系统的烟密度计。该烟密度计放置在与发烟车厢相邻的地铁列车车厢内（测试车厢），距离防火挡烟帘帘面水平距离 30cm。烟密度计激光发射孔距车厢地面垂直距离 1.7 m，烟密度计发射端和接收端位于防火挡烟帘导轨的正前方，水平距离 1.76 m（即防火挡烟帘导轨之间的水平距离）。

3.3　防火挡烟帘安装在发烟车厢和测试车厢之间的连接处。

3.4　测量仪表的准确度烟密度计透光率：±1.0%。

3.5　防火挡烟帘安装及挡烟性能测试示意图见附录 2。

4　试验试样

4.1　试验试样应为实际应用的全尺寸的地铁列车防火挡烟帘。

5　试验步骤

试件安装就位，降下防火挡烟帘帘面；

点燃 5 块烟饼，然后关闭所有地铁车厢门（包括测试车厢和发烟车厢），测试过程中保持地铁车厢门紧闭；

关闭所有地铁车厢门后，烟密度计开始测量，此时开始计时。

测试时间 20 min。

6 判据

6.1 在测试时间内，测试车厢内透光率应不小于 50%。

6.2 满足 6.1 条规定，则被测试样合格。

7 试验现象记录

在整个试验过程中，有必要对试验过程中的试验现象进行记录，包括防火挡烟帘帘面、导轨、卷轴处等是否漏烟，烟气蔓延至地铁列车车厢（测试车厢）顶棚及地面的时间等信息。

8 试验报告

试验报告应包含以下信息：

试验室的名称和地址；

试验日期及试验者；

委托试验单位的名称和地址；

生产厂家的厂名及地址；

试验中防火挡烟帘的详细描述；

试验过程中防火挡烟帘帘面、导轨、卷轴处等是否漏烟；

试验过程的录像或照片；

试验中观察到的其他现象。

附录 2　防火挡烟帘安装及挡烟性能测试示意图

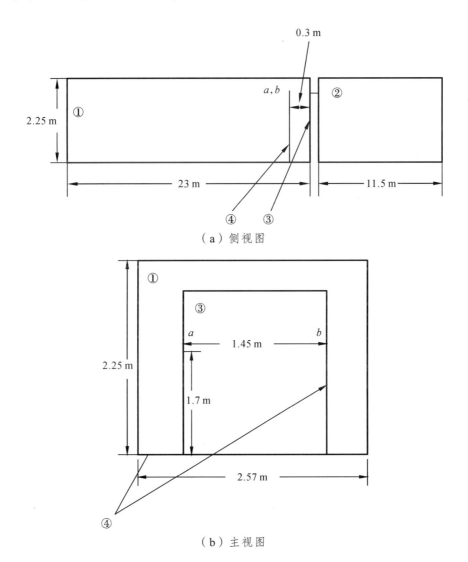

（a）侧视图

（b）主视图

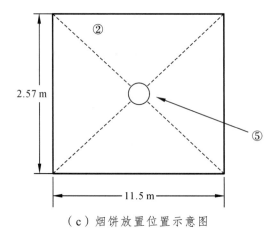

（c）烟饼放置位置示意图

　　注：①测试车厢；②发烟车厢；③防火挡烟帘；④烟密度计（a 发射端；b 接收端）；⑤烟饼。

参考文献

[1] 欧育湘. 阻燃剂[M]. 北京：国防工业出版社，2009.

[2] KÖNIG A, KROKE E. Flame retardancy working mechanism of methyl-DOPO and MPPP in flexible polyurethane foam [J]. Fire Mater., 2012, 36(1):1-15.

[3] KÖNIG A,KROKE E. Methyl-DOPO-a new flame retardant for flexible polyurethane foam[J]. Polym. Advan. Technol., 2011, 22(1): 5-13.

[4] STOWELL J, LIU W. Phosphoramide ester flame retardant and resins containing same: US, US 20100063169 A1[P]. 2010.

[5] TOKUYASU N, FUJIMOTO K, HIRATA M. Organophosphorus compound having phosphate- phosphonate bond, and flame-retardant polyester fiber and flame-retardant polyurethane resin composition each containing the same: WO, US7521496[P]. 2009.

[6] ANDERSSON A, MAGNUSSON A, TROEDSSON S, et al. Intumescent foams-a novel flame retardant system for flexible polyurethane foams [J]. Appl. Polym. Sci., 2008, 109: 2269-2274.

[7] CHANG SC, SACHINVALA ND, SAWHNEY P, et al. Epoxy phosphonate crosslinkers for providing flame resistance to cotton textiles[J]. Polymers for Advanced Technologies, 2010, 18(8):611-619.

[8] SCHARTEL B , BRAUN U, SCHWARZ U, et al. Fire Retardancy of Polypropylene/Flax Blends[J]. Polymer, 2003, 44(20):6241-6250.

[9] WU WD, YANG CQ. Correlation between limiting oxygen index and phosphorus/nitrogen content of cotton fabrics treated with a hydroxyl-functional organophosphorus flame-retarding agent and dimethylold-ihydroxyethyleneurea [J]. Journal of Applied Polymer Science, 2003, 90(7): 1885-1890.

[10] TABUANI D, BELLUCCI F, TERENZI A, et al. Flame retarded thermoplastic

polyurethane (TPU) for cable jacketing application [J]. Polymer Degradation and Stability, 2012, 97(12):2594-2601.

[11] HAMZAH MS, MARIATTI M. Properties of flame retardant fillers in polypropylene/ethylene propylene diene monomer composites [J]. Journal of Thermplastic Composites Materials, 2013, 26(9): 1223-1236.

[12] JOÃO R. CORREIA, YU BAI, THOMAS KELLER. A review of the fire behaviour of pultruded GFRP structural profiles for civil engineering applications[J]. Composite Structures, 2015, 127:267–287.

[13] MICHAELA R. PETERSEN, AN CHEN, MARK ROLL, et al. Mechanical properties of fire-retardant glass fiber-reinforced polymer materials with alumina tri-hydrate filler[J]. Composites Part B. 2015(78):109-121.

[14] 温淑荣. 酚醛 SMC 的特性与应用[J]. 玻璃钢/复合材料, 1991（3）: 44-47.

[15] 张淑萍. 酚醛 FRP 概论[J]. 纤维复合材料, 1994（3）: 3-11.

[16] 邹稳根. 一种用于罗马地铁的酚醛复合材料[J]. 国外机车车辆工艺, 1991（4）:52.

[17] 王京军, 何燕华. 酚醛玻璃钢在城轨车辆司机室端罩上的应用[J]. 科技资讯, 2013（32）:94-95.

[18] 董永祺. 欧洲轿车新战略决策：电压、阻燃材料与工作温度一并提高[J]. 纤维复合材料, 2002（2）: 59-60.

[19] 胡清寒、甄红兰. 无卤素不饱和聚酯向车辆现用酚醛提出挑战[J].国外机车车辆工艺, 1997（6）: 24-27.

[20] 王勇, 尹桂旭, 尹维, 等. 地铁应用材料的调查与研究[J]. 广西民族大学学报（自然科学版）, 2009（11）: 133-136.

[21] 梁锦发, 李智, 顾轶. 无机陶瓷涂料在地铁车辆上的应用[J]. 城市轨道交通研究, 2012（1）: 104-107.

[22] 岳立明. 地铁车辆间壁防火结构探讨[J]. 科技展望, 2014（22）: 168.

[23] 张瑞丽, 张琳. 城市轨道列车中地板结构的防火能力比较[J]. 铁道机车车辆, 2011（4）: 75-78.

[24] 周升, 曾凡辉, 王浩新, 等. 城轨车辆受电弓安装区用绝缘防护涂层的研究[J]. 机车电传动, 2015（6）: 60-62.

[25] 黄良平, 杨军. 地铁站台用缓冲防滑垫的研制[J]. 橡胶工业, 2008, 55（1）: 41-43.

[26] 王振华，王智文，尤飞，等. 典型地铁车厢潜在火灾危险性评价和分析 [J]. 消防科学与技术，2015，34（9）：1243-1246.

[27] 王瑾璐，李唯，赵辉，等，防火涂料替代动车组用防火毛毡的可行性探讨[J]. 现代涂料与涂装，2013（2）：28-30.

[28] 杨培盛，钟元木. 环保节能产品在青岛地铁 3 号线车辆中的应用[J].都市快轨交通，2014，27（5）：111-113.

[29] TB/T 3138—2006 机车车辆阻燃材料技术条件

[30] TB/T 1484.1—2017 机车车辆电缆 第 1 部分：动力和控制电缆

[31] TB/T 1484.2—2017 机车车辆电缆 第 2 部分：30 kV 单相电力电缆

[32] TB/T 1484.3—2017 机车车辆电缆 第 3 部分：通信电缆

[33] 徐应麟. 上海地铁用电线电缆述评[J]. 电线电缆，1990（6）：2-6。

[34] 郑翠玲. 谈地铁车厢的消防保卫问题[J]. 消防技术与产品信息，2010（11）：79。

[35] MANSOURI J, BURFORD R P, CHENG Y B. Pyrolysis behaviour of silicone-based ceramifying composites [J]. Materials Science and Engineering A, 2006(425): 7–14.

[36] ZAK C ECKEL, CHAOYIN ZHOU, JOHN H MARTIN, et al. Additive manufacturing of polymer-derived ceramics, 2016, 351(6268):58-62.

[37] PAOLO COLOMBO, GABRIELA MERA, RALF RIEDEL, et al. Polymer-Derived Ceramics: 40 Years of Research and Innovation in Advanced Ceramics[J]. Journal J Am Ceram Soc, 2010, 93 (7): 1805-1837.

[38] Alexander G. Fire-resistanT silicone polymer compositions[P]. No:US 2006/0155039A1, 2006-07-13.

[39] C·乔治，A·普谢隆，R·蒂里亚. 尤其用于生产电线或电缆的可热硫化聚有机硅氧烷组合物[P]. CN200780020516.0.

[40] UIC 564-2: Regulations relating to fire protection and firefighting measures in passenger carrying railway vehicles or assimilated vehicles used on international services.

[41] BS 6853: Code of practice for fire precautions in the design and construction of passenger carrying trains.

[42] DIN 5510-2:2009, preventive fire protect in railway vehicle parts 2: Fire behaviour and fireside effects of material and parts.

[43] NFF16-101: Railway rolling stock fire behaviour choice of materials.

[44] NFF16-102: Railway rolling stock fire behaviour choice of materials-Electrical Equipment.

[45] EN 45545-2 Railway applications - Fire protection of railway vehicles-ParT 2: Requirement for fire behaviour of materials and components.

[46] NFPA 130:2017 Standard for fixed guideway transit and passenger rail systems.

[47] KÖNIG A, KROKE E. Flame retardancy working mechanism of methyl-DOPO and MPPP in flexible polyurethane foam [J]. Fire Mater., 2012, 36(1): 1-15.

[48] Blanchard EJ, Graves E. Polycarboxylic acids for flame resistant cotton/polyester carpeting [J]. Textile research journal, 2002, 72(1): 39-43.

[49] Yang C Q, Qiu X Q. Flame-retardant finishing of cotton fleece fabric: ParT I. The use of a hydroxy-functional organophosphorus oligomer and dimethyloldihy-droxylethyleneurea[J]. Fire and Materials. 2007, 31(1): 67-81.

[50] 马顺彬. 抗菌阻燃竹浆/棉簇绒地毯的开发[J]. 产业用纺织品. 2014（8）: 5-8.

[51] 范迎春. 地毯背衬的阻燃处理[J]. 纺织学报. 1988，9（8）：29.

[52] 孔美光，赵英聚. 高性能地毯阻燃涂料的制备和研究[J]. 上海涂料，2014，7（52）：16-19.

[53] 何浩东，官文元，陈科. 丙纶簇绒地毯阻燃研究[J]. 辽宁化工. 1997，26（11）：338-340.

[54] 邓永航. 阻燃剂在尼龙簇绒地毯中的应用[J]. 上海塑料，2008，142（2）：15-16.

[55] TANG H, ZHOU X, LIU X. Effect of Magnesium Hydroxide on the Flame Retardant Properties of Unsaturated Polyester Resin[J]. Procedia Engineering, 2013, 52: 336-341.

[56] 汪关才，卢忠远，胡晓平. 水镁石/ATH/APP 阻燃剂 F 对 UPR 的阻燃抑烟性能的影响[J]. 中国塑料，2006，20（11）：86-90.

[57] KAFFASHI B, HONARVAR F M. The effect of nanoclay and MWNT on fire retardancy and mechanical properties of unsaturated polyester resins[J].

Journal of Applied Polymer Science, 2012, 124(2): 1154-1159.

[58] PANCJEK PIOTR, OSTRYSZ RYSZARD, KRASSOWSKI DANJEL. The expansible graphite that is used in the flame retardant of unsaturated polyester[C]//Falme Retard 2000 Proc Coaf 9th, 105-111.

[59] 张臣，刘述梅，黄君仪等. 反应型含磷阻燃不饱和聚酯的合成及同化[J]. 石油化工，2009，38（5）：515-520.

[60] KUN J F. Synthesis of hexa-allylamino-cyclotriphosphazene as a reactive fire retardant for unsaturated Polyesters[J]. J Appl Polym Sci, 2004, 18(2): 697-702.

[61] 蔡天聪，张萌，房晓敏，等. 膨胀型阻燃剂的制备及应用[J]. 河南化工，2007，24（7）：12-20.

[62] 王志涛，丁辛，罗永康，等. 有机磷系阻燃剂对阻燃玻璃钢性能的影响[J]. 玻璃钢/复合材料，2012，（5）：75-79.

[63] 王凤武，方文彦. 包覆红磷在玻璃钢中的阻燃性能研究[J]. 煤炭科学技术，2005，33（2）：59-61.

[64] 欧荣庆，李燕月. 二溴新戊二醇不饱和聚酯树脂及其阻燃玻璃钢性能[J]. 塑料助剂，2004，（6）：31-34.

[65] 王烈，葛云霞. 氢氧化镁在阻燃玻璃钢中的应用探讨[J]. 有色矿冶，2005，21（s1）：58-59.

[66] 公安部消防局. 中国消防年鉴[M]. 昆明：云南人民出版社，2016.

[67] HANU L G, SIMON G P, MANSOURI J, et al. Development of polymer-ceramic composites for improved fire resistance [J]. Journal of Materials Processing Technology, 2004, 153–154:401–407.

[68] MANSOURI J, BURFORD R P, CHENG Y B, HANU L, Formation of strong ceramified ash from silicone-based compositions [J]. Journal of Materials Science, 2005, 40: 5741–5749.

[69] ANYSZKA R, BIELIN′ SKI D M, PE₂DZICH Z, et al. Influence of surface-modified montmorillonites on properties of silicone rubber-based ceramizable composites [J]. J Therm Anal Calorim, 2015, 119:111–121.

[70] IMIELA M, ANYSZKA R, BIELIN′ SKI D M, et al. Effect of carbon fibers on thermal properties and mechanical strength of ceramizable composites based on silicone rubber [J]. J Therm Anal Calorim, 2016, 124:197–203.

[71] 梁喆，赵源，彭小弟. 陶瓷化耐火硅橡胶的应用进展[J]. 有机硅材料，2007，21（4）：234-235.

[72] 李函坚，郭建华，高伟，等. 白炭黑对陶瓷化硅橡胶瓷化性能的影响[J]. 有机硅材料，2015，29（5）：360-365.

[73] 庄鹏程，王庭慰，贡新浩. 可瓷化硅橡胶复合材料的制备与性能[J]. 合成橡胶工业，2017，40（2）:116-120.

[74] SHUI-YU LU, IAN HAMERTON. Recent developments in the chemistry of halogen-free flame retardanT polymers. Prog. Polym. Sci. 27 (2002) 1661-1712.

[75] 戴朝刚，王旭东，刘立玺. 中国轨道车辆防火技术标准之思考[J].城市轨道交通研究，2008（5）：1-4

[76] ZHAO S Y, MALFAIT W J, DEMILECAMPS A, et al. Strong, thermally superinsulating biopolymer-silica aerogel hybrids by cogelation of silicic acid with pectin [J]. Angew. Chem. Int. Ed., 2015, 54(48): 14282-14286.

[77] WANG X, JANA S C. Synergistic hybrid organic-inorganic aerogels [J]. ACS Appl. Mater. Interfaces, 2013, 5(13): 6423-6429.

[78] RANDALL J P, MEADOR M A B, JANA S C. Tailoring mechanical properties of aerogels for aerospace applications[J]. ACS Appl. Mater. Interfaces, 2011, 3(3): 613-626.

[79] 胡银，张和平，黄冬梅，等. 柔韧性块体疏水二氧化硅气凝胶的制备及表征[J]. 硅酸盐学报，2013，41（8）：1037-1041.

[80] 邵在东，张颖，程璇. 新型力学性能增强二氧化硅气凝胶块体隔热材料[J]. 化学进展，2014，26（8）：1329-1338.

[81] 韩晓明. 城市轨道交通车辆车体隔热材料及其应用[J]. 装备机械，2013（1）：57-64。

[82] 刘晓旭. 地铁车辆地板防火降噪设计[J]. 科技创新与应用，2016（25）：86.